THE KNITTING PATTERN

新版
棒针编织图案大全集

- 植物图案
- 北欧、圣诞图案
- 费尔岛花样
- 格子图案
- 镂空花样
- 阿兰花样

日本 E&G 创意　编著
刘晓冉　译

河南科学技术出版社
·郑州·

目 录

杯垫

这款杯垫的四角都点缀了小珠子。

镜框装饰

将像画一样精美的图案嵌在镜框里，整个房间都变得华丽起来。

89
图片 p.42

55
图片 p.29

1、22
图片 1/p.6
22/p.14

靠垫套

将图案缝在靠垫套上，就是独一无二的装饰。

隔热垫

在厚厚的花片上缝上皮制的纽襻，就是一个隔热垫。

花瓶套

将 2 块织片连在一起，就做成了漂亮的花瓶套。

迷你盖毯

这是一款用不同图案的织片连在一起做成的迷你盖毯。

124
图片 p.54

96
图片 p.44

44、46、47、116 ~ 121
图片 44/p.23
46、47/p.24
116 ~ 121/p.50 ~ 52

小挎包

背着 2 片花片连接而成的小挎包出门吧！

装饰领

扇形边缘的织带做成装饰领也非常漂亮。

饰边

给常用单品添加一条排满叶子的织带，立刻呈现出温暖的感觉。

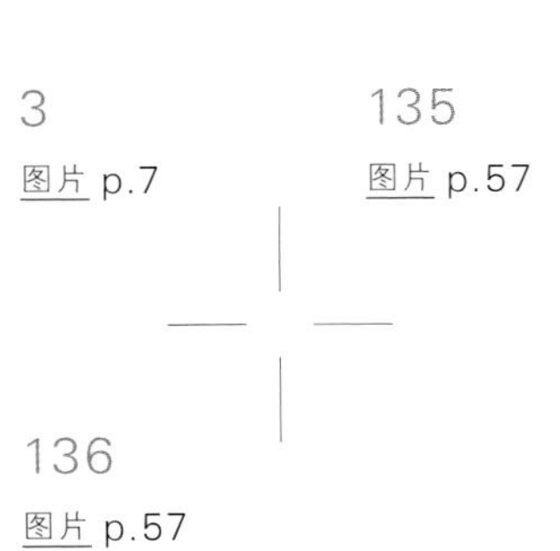

植物图案

Botanical

植物图案有各种各样的形态和颜色，吸引着欣赏它的人。
编织时更换成自己喜欢的颜色，也是手工编织的乐趣之一。

1 瓶中之花

尺寸 30cm × 30cm

制作方法 p.68 设计 冈真理子 制作 须藤晃代

2 玫瑰 A

尺寸 15cm × 15cm

3 七星瓢虫和蝴蝶

尺寸 15cm × 15cm

4 欧洲银莲花

尺寸 15cm × 15cm

5 百合花

尺寸 15cm × 15cm

制作方法 p.69 设计、制作 冈真理子

6

三色堇 A

尺寸

15cm × 20cm

7

玫瑰 B

尺寸

15cm × 20cm

制作方法 p.70 设计、制作 今村曜子

8

玫瑰 C

尺寸
30cm × 30cm

制作方法 p.71 设计、制作 今村曜子

9

尺寸
31cm × 5cm

10

尺寸
30cm × 6cm

11

尺寸
20cm × 5cm

12

尺寸
32cm × 6cm

制作方法 9、12/p.72，10、11/p.73 设计、制作 今村曜子

13

花环

尺寸
30cm × 30cm

制作方法 p.74 设计、制作 冈真理子

14 雏菊 A

尺寸 15cm × 15cm

15 花朵和藤蔓

尺寸 15cm × 15cm

16 花朵和花苞

尺寸 15cm × 15cm

17 玫瑰 D

尺寸 15cm × 15cm

制作方法 p.75 设计、制作 myco

18 木茼蒿

尺寸 15cm × 15cm

19 三色堇 B

尺寸 15cm × 15cm

20 郁金香

尺寸 15cm × 15cm

21 卡特兰

尺寸 15cm × 15cm

制作方法 p.76 设计、制作 myco

22

玫瑰花环

尺寸
30cm × 30cm

制作方法 p.77 设计、制作 今村曜子

制作方法 p.78 设计、制作 今村曜子

23

三叶草

尺寸

15cm × 20cm

24

雏菊 B

尺寸

15cm × 20cm

北欧、圣诞图案

Nordic & Christmas

驯鹿、雪人、房子、树、星星……

这一章将介绍只属于北欧的可爱设计和令人心动的圣诞图案。

1 个花片就已经非常可爱了，组合多个花片编织成小物会更有趣吧？

25 驯鹿和星星

尺寸 30cm × 30cm

制作方法 p.79 设计、制作 远藤博美

26 嘉顿格纹

尺寸 10cm × 10cm

27 之字形

尺寸 10cm × 10cm

28 点点 A

尺寸 10cm × 10cm

29 爱心 A

尺寸 10cm × 10cm

制作方法 p.80 设计、制作 河合真弓

30 星星 A
尺寸 15cm × 15cm

31 星星 B
尺寸 15cm × 15cm

32 玫瑰 E
尺寸 15cm × 15cm

33 小树
尺寸 15cm × 15cm

制作方法 p.81 设计、制作 河合真弓

34

马和房子

尺寸
30cm × 30cm

制作方法 p.82 设计、制作 河合真弓

35 王冠

尺寸 15cm × 15cm

36 埃菲尔铁塔

尺寸 15cm × 15cm

37 爱心 B

尺寸 15cm × 15cm

38 大树和月亮

尺寸 15cm × 15cm

制作方法 p.83 设计、制作 冈真理子

39 驯鹿

尺寸 15cm × 15cm

40 男孩和女孩

尺寸 15cm × 15cm

41 雪人

尺寸 15cm × 15cm

42 天鹅

尺寸 15cm × 15cm

制作方法 p.84 设计、制作 冈真理子

43

八角星的树

尺寸
30cm × 30cm

制作方法 p.85 设计、制作 芹泽圭子

制作方法 p.86 设计、制作 镰田惠美子

44

星星 C

尺寸
15cm × 20cm

45

爱心和王冠

尺寸
15cm × 20cm

46

驯鹿

尺寸
15cm × 20cm

47

菱形和船锚

尺寸
15cm × 20cm

制作方法 p.87 设计、制作 镰田惠美子

48 点点 B

尺寸 15cm × 15cm

49 之字形和菱形

尺寸 15cm × 15cm

50 爱心 C

尺寸 15cm × 15cm

51 格子

尺寸 15cm × 15cm

制作方法 p.88 设计、制作 河合真弓

52

圣诞老人

尺寸
30cm × 30cm

制作方法 p.89 设计、制作 远藤博美

53

北欧的群山

尺寸
30cm × 30cm

制作方法 p.90 设计、制作 佐藤美幸

54

天使和铃铛

尺寸

30cm × 30cm

制作方法 p.91 设计、制作 远藤博美

55

圣诞花环

尺寸
30cm × 30cm

制作方法 p.92 设计 冈真理子 制作 须藤晃代

56

男孩和女孩

尺寸
30cm × 30cm

制作方法 p.93 设计、制作 武田敦子

57

冬日

尺寸
30cm × 30cm

制作方法 p.94 设计、制作 芹泽圭子

费尔岛花样

Fair isle

费尔岛花样的特点是有多种颜色的几何图案，像画一样美丽。
在颜色上多花心思，就能设计出多彩、靓丽的花样。

58

尺寸
15cm × 20cm

59

尺寸
15cm × 20cm

制作方法 p.95 设计、制作 沟畑弘美

60 尺寸 15cm × 15cm

61 尺寸 15cm × 15cm

62 尺寸 15cm × 15cm

63 尺寸 15cm × 15cm

制作方法 p.96 设计、制作 远藤博美

64

尺寸
15cm × 20cm

65

尺寸
15cm × 20cm

制作方法 p.97 设计、制作 远藤博美

66

尺寸
15cm × 20cm

67

尺寸
15cm × 20cm

制作方法 p.98 设计、制作 沟畑弘美

格子图案

Checked

这一部分是男女老少都喜欢的格子图案。

也推荐利用格子图案为室内装饰和时尚单品增添可爱气息与时尚感。

68

尺寸
15cm × 20cm

69

尺寸
15cm × 20cm

制作方法 p.99 设计、制作 沟畑弘美

70 尺寸 15cm × 15cm

71 尺寸 15cm × 15cm

72 尺寸 15cm × 15cm

73 尺寸 15cm × 15cm

制作方法 p.100 设计、制作 沟畑弘美

74
尺寸 15cm × 15cm

75
尺寸 15cm × 15cm

76
尺寸 15cm × 15cm

77
尺寸 15cm × 15cm

制作方法 p.101 设计、制作 沟畑弘美

78

尺寸
28.5cm × 4.5cm

79

尺寸
30cm × 5cm

80

尺寸
30cm × 7cm

81

尺寸
32cm × 7.5cm

制作方法 78、79、81/p.102，80/p.72 设计、制作 沟畑弘美

82 尺寸 15cm × 15cm

83 尺寸 15cm × 15cm

84 尺寸 15cm × 15cm

85 尺寸 15cm × 15cm

制作方法 p.103 设计、制作 Ryou

86

尺寸
15cm × 20cm

87

尺寸
15cm × 20cm

制作方法 p.104 设计、制作 Ryou

第5部分

镂空花样

Openwork

典雅的镂空花样不仅看起来优雅、美丽，

还能彰显少女感和可爱气息。

将花片包裹在花瓶上，透出里面花瓶的质感，非常漂亮。

88

尺寸
15cm × 15cm

89

尺寸
10cm × 10cm

90

尺寸
15cm × 15cm

制作方法 88/p.105，89、90/p.106 重点教程 90/p.65 设计、制作 河合真弓

91

尺寸
15cm × 15cm

92

尺寸
15cm × 15cm

制作方法 p.107 设计、制作 河合真弓

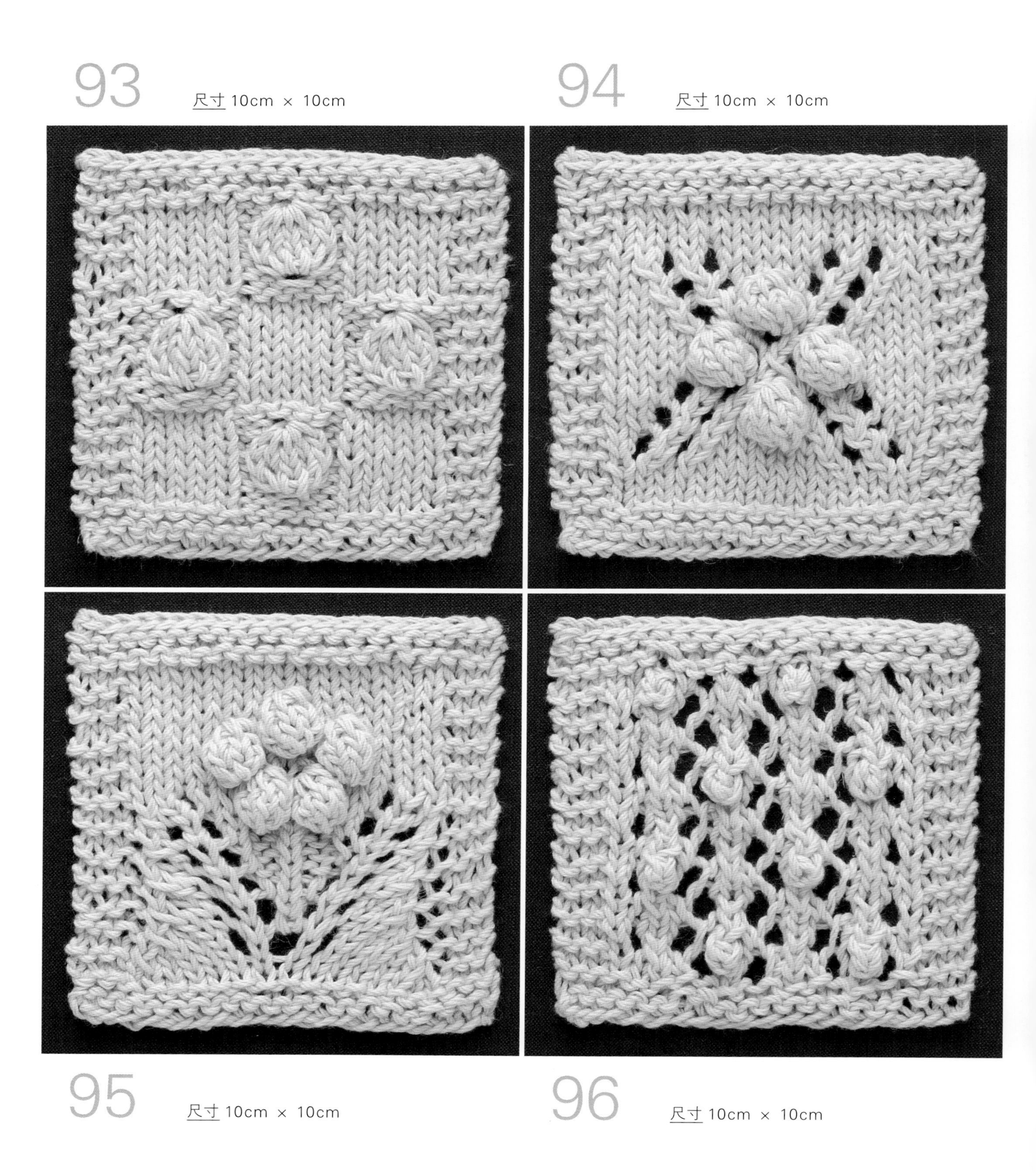

制作方法 p.108 设计、制作 冈真理子

97 尺寸 10cm × 10cm

98 尺寸 10cm × 10cm

99 尺寸 10cm × 10cm

100 尺寸 10cm × 10cm

制作方法 p.109 设计、制作 芹泽圭子

101

尺寸 10cm × 10cm

102

尺寸 10cm × 10cm

103

尺寸 10cm × 10cm

104

尺寸 10cm × 10cm

制作方法 p.110 设计、制作 冈真理子

105

尺寸 10cm × 10cm

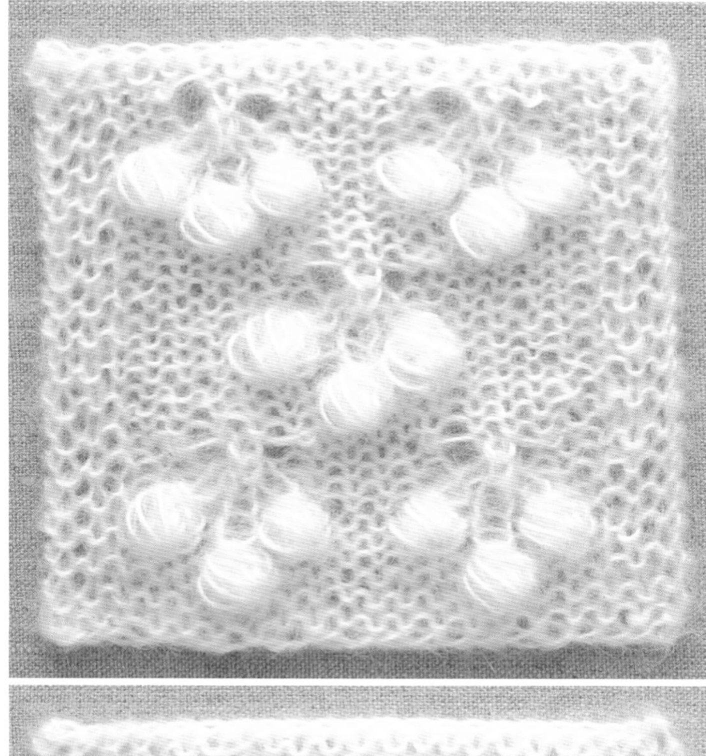

106

尺寸 10cm × 10cm

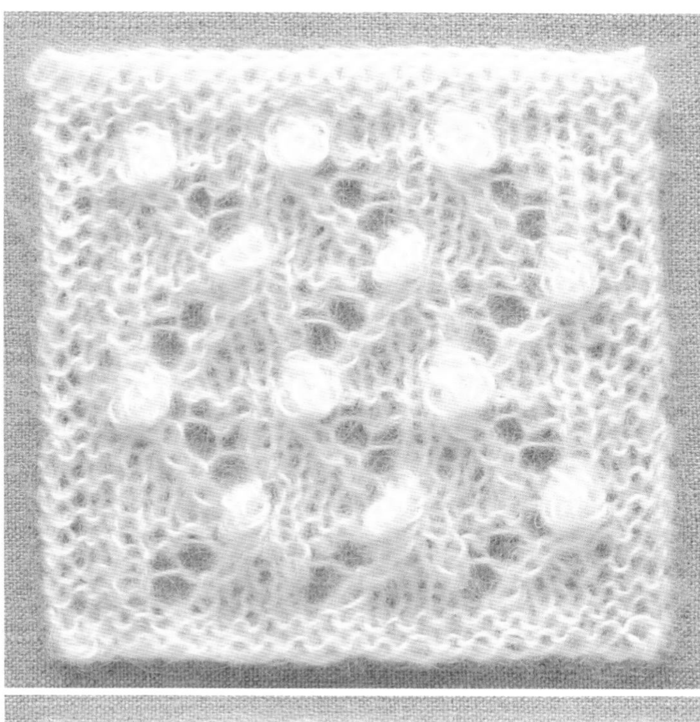

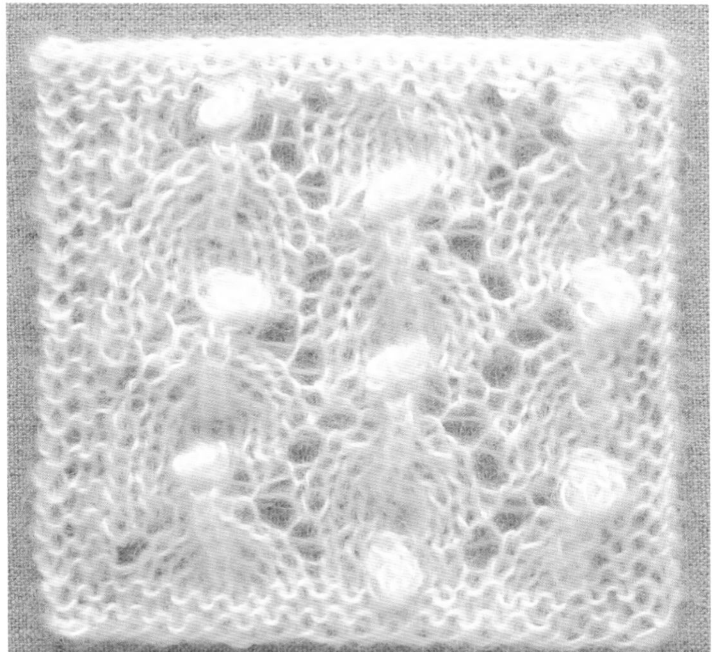

107

尺寸 10cm × 10cm

108

尺寸 10cm × 10cm

制作方法 p.111 设计、制作 芹泽圭子

109

尺寸
15cm × 15cm

110

尺寸
10cm × 10cm

111

尺寸
15cm × 15cm

制作方法 109/p.112，110、111/p.113 设计、制作 河合真弓

112 尺寸 10cm × 10cm

113 尺寸 10cm × 10cm

114 尺寸 10cm × 10cm

115 尺寸 10cm × 10cm

制作方法 p.114 设计、制作 武田敦子

Aran

阿兰花样的魅力在于看起来温暖、厚实的立体花样。

可以组合几款喜欢的花样，尝试编织出一款独一无二的图案。

116

尺寸

15cm × 20cm

117

尺寸

15cm × 20cm

制作方法 p.115 设计、制作 今村曜子

制作方法 p.116 设计、制作 今村曜子

118

尺寸
15cm × 20cm

119

尺寸
15cm × 20cm

120

尺寸
15cm × 20cm

121

尺寸
15cm × 20cm

制作方法 p.117 设计、制作 今村曜子

制作方法 p.118 设计、制作 今村曜子

122

尺寸
15cm × 20cm

123

尺寸
15cm × 20cm

124

尺寸
15cm × 15cm

125

尺寸
15cm × 15cm

制作方法 p.119 设计、制作 武田敦子

126

尺寸
10cm × 10cm

127

尺寸
15cm × 15cm

128

尺寸
15cm × 15cm

制作方法 126、127/p.120，128/p.121　设计、制作 河合真弓

129

尺寸
长约 29cm

130

尺寸
长约 30cm

131

尺寸
长约 31cm

132

尺寸
长约 35cm

制作方法 p.122 设计、制作 今村曜子

制作方法 p.123　重点教程 136/p.65　设计、制作 今村曜子

133

尺寸
长约 31cm

134

尺寸
长约 30cm

135

尺寸
长约 32cm

136

尺寸
长约 30cm

开始编织图案的方法（起伏针）

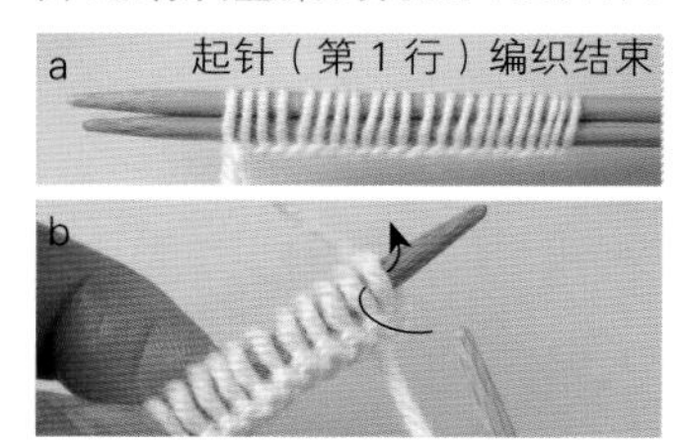

1 用 2 根棒针起针（参考 p.124）（起针算作第 1 行）。抽出 1 根棒针，转换拿针方向，在第 1 行最初的针目中入针，第 2 行编织下针（p.124）（b）。

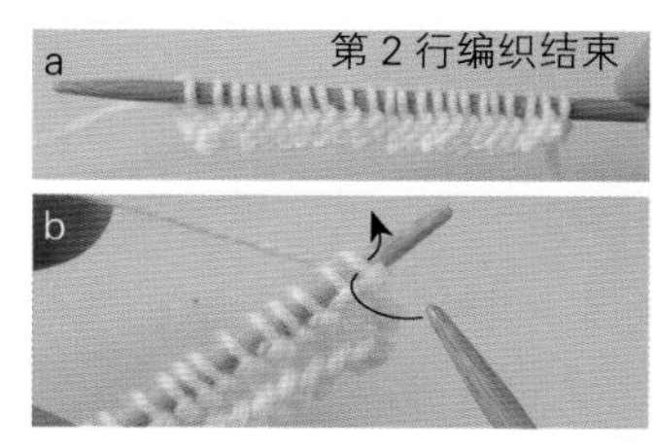

2 转换拿针方向，在第 2 行最初的针目中入针，第 3 行编织下针（b）。

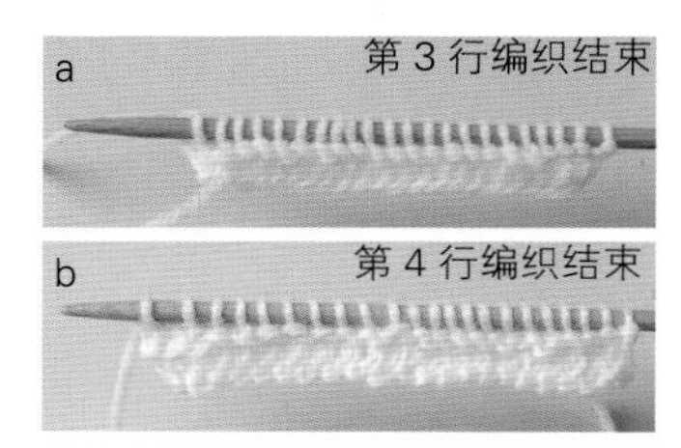

3 转换拿针方向，参考步骤 2，第 4 行编织下针。

配色花样的编织方法（横向渡线的方法）

看着背面编织时

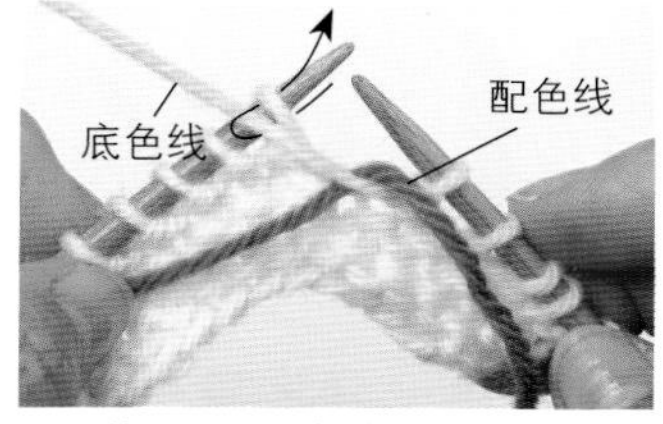

1 编织要换线前的 1 针时，将配色线放在底色线上方并交叉。

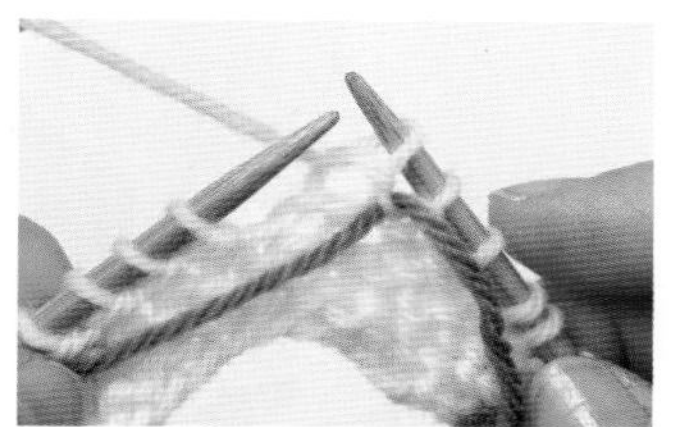

2 按步骤 1 的箭头所示，用底色线编织 1 针上针（参考 p.124）。配色线用底色线固定住。继续，用配色线编织 1 针上针。

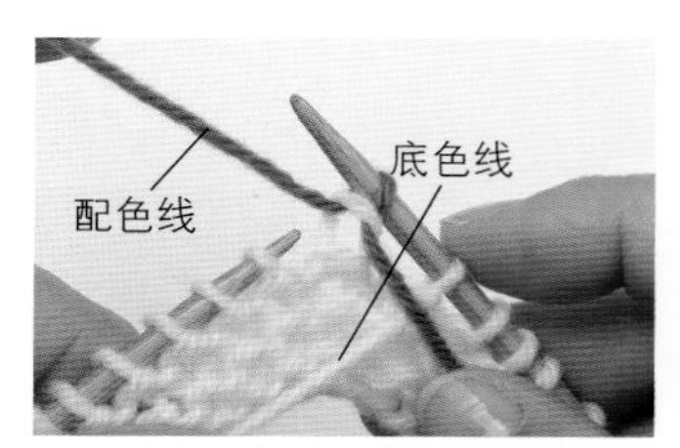

3 用配色线编织好 1 针的样子。这时，底色线在配色线的下方渡线编织。

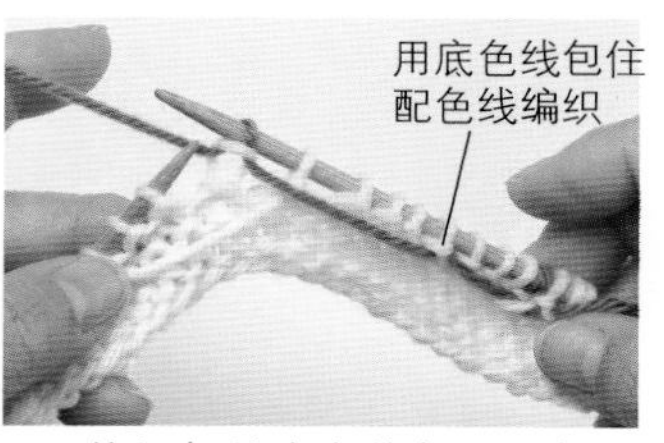

4 编织好的底色线部分，将配色线渡线，再次更换成配色线的样子。在用底色线编织时，如果渡线距离较长，可以在中途一边包住配色线一边编织（包住渡线编织的方法参考 p.59）。

看着正面编织时

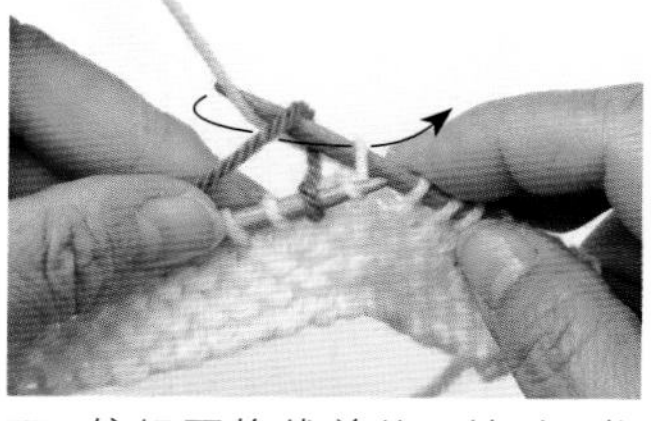

5 编织要换线前的 1 针时，将配色线放在右棒针的上方。

6 按步骤 5 的箭头所示，将底色线引拔，编织至要换线前的 1 针时的样子。

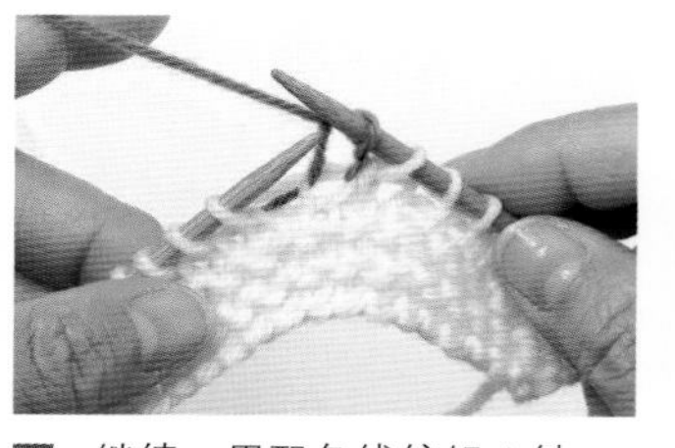

7 继续，用配色线编织 1 针。

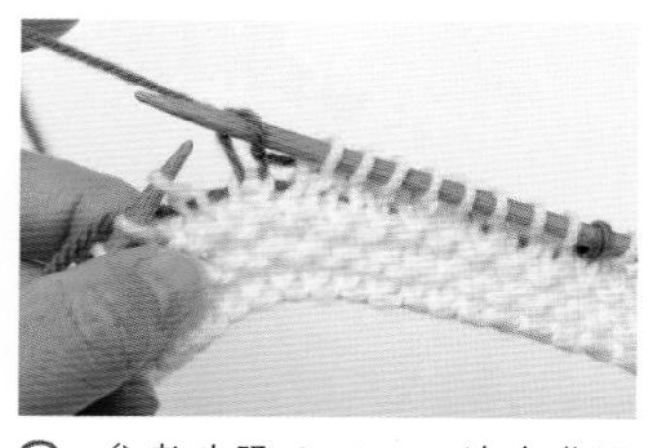

8 参考步骤 3、4，一边在背面渡配色线，一边编织底色线，然后再用配色线编织好的样子。编织时，保持底色线在配色线的下侧渡线。

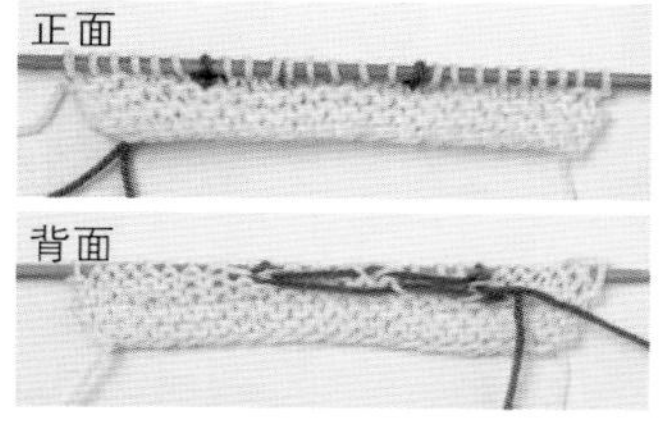

9 编织时注意渡线不能拉得太紧或太松。

配色花样的编织方法（多根线横向渡线的方法）

看着正面编织时

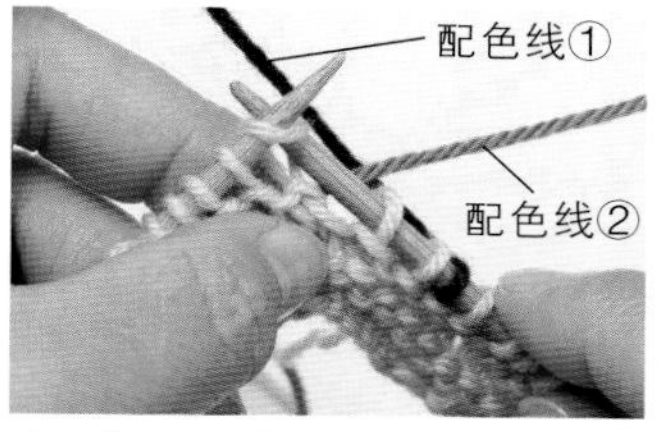

1 编织要替换配色线②前的 1 针时，将配色线②放在编织前 1 针的线（此处是配色线①）的上方并交叉。

2 用配色线①编织好 1 针的样子。配色线②用配色线①固定住了。

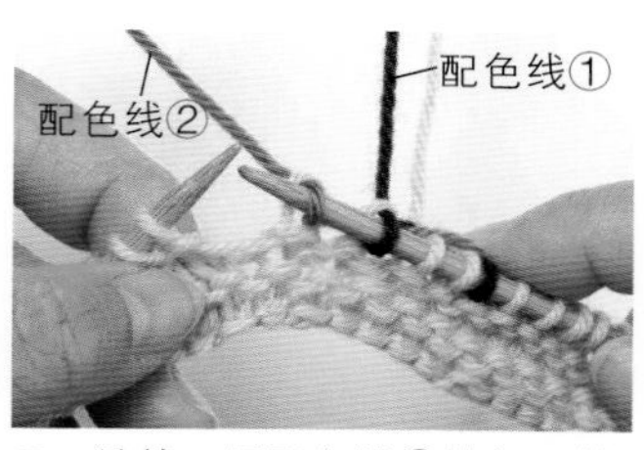

3 继续，用配色线②编织 1 针，1 行中有了 3 种颜色的线。

看着背面编织时

4 编织要替换配色线①②前的1针时，将配色线①②放在底色线的上方并交叉。

5 用底色线编织好1针上针的样子。配色线①②用底色线固定住了。

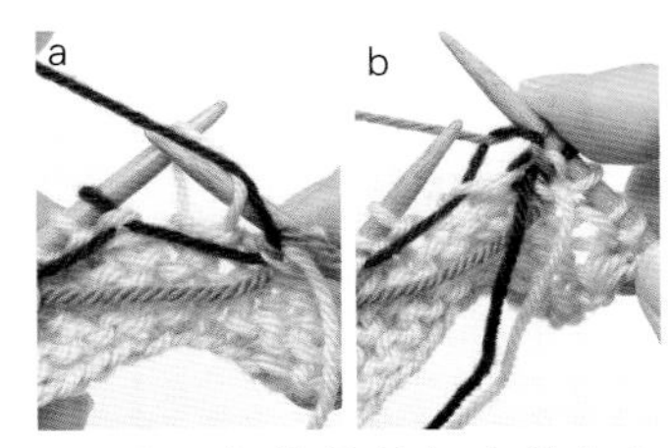

6 用配色线①编织上针(a)。继续，用配色线②编织好1针上针的样子(b)。

7 事先确定好2根渡线的上下位置，就不容易缠线了。

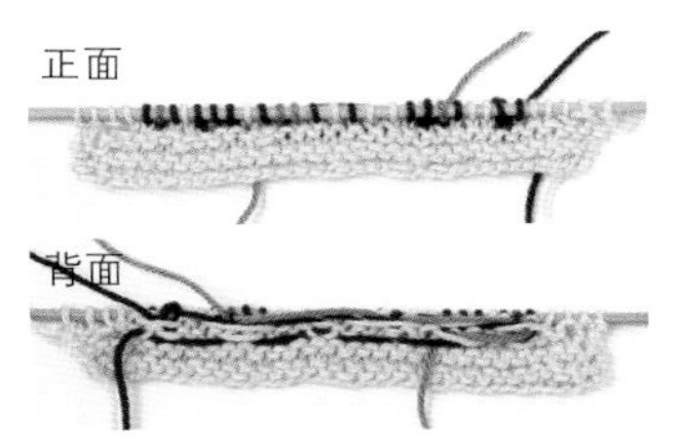

8 编织时注意渡线不能拉得太紧或太松。

配色花样的编织方法(纵向渡线的方法)

※ 主要编织大图案时使用的技法

看着背面编织时

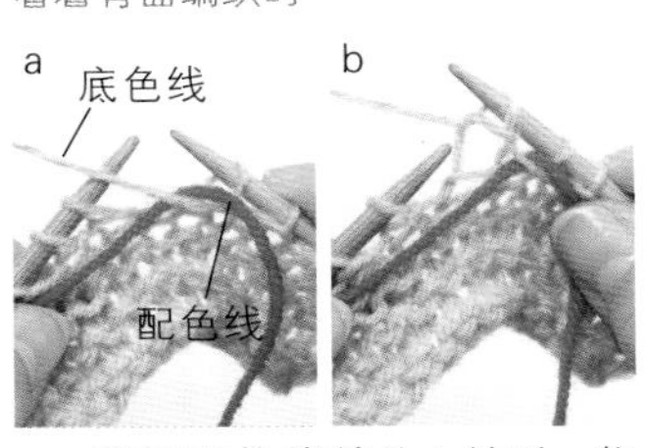

1 编织要换线前的1针时，将配色线放在底色线的上方并交叉(a)。继续，用底色线编织1针上针，配色线被固定住了。

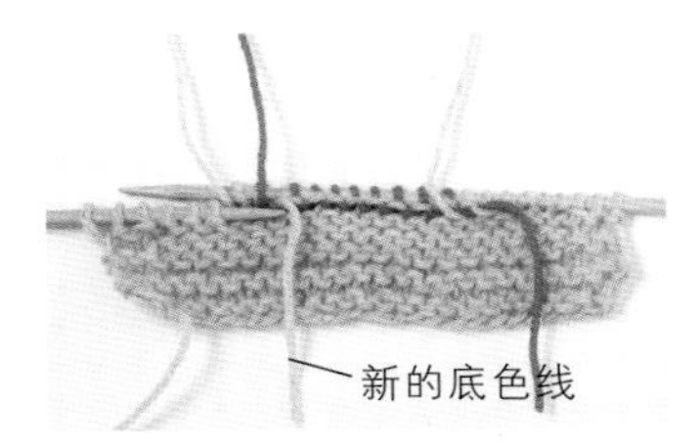

2 用配色线编织，按照与步骤1相同的要领，加入新的底色线编织好1针的样子。1行中有了3根线的状态。

看着正面编织时

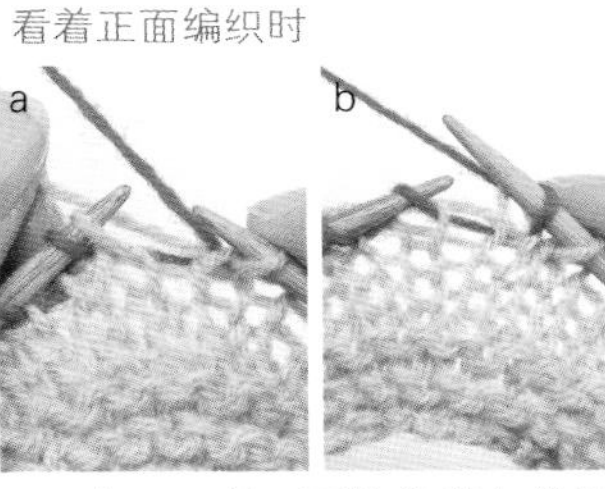

3 在下一行，要替换配色线时，将底色线放在配色线的上方，用配色线编织下针(a)。底色线和配色线交叉，配色线被固定住了(b)。

看着背面编织时

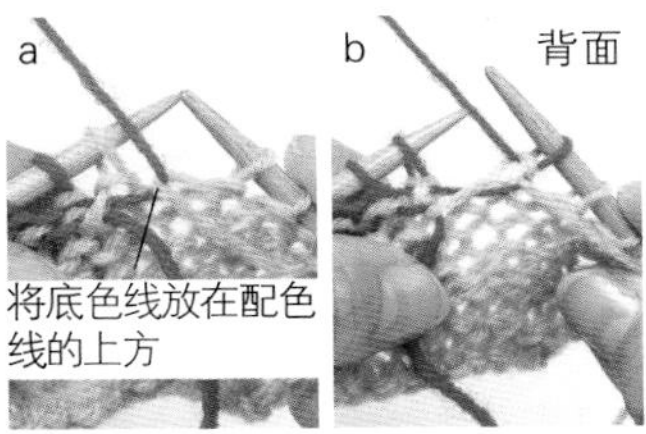

4 在背面编织时，也按照步骤3的方法，要替换配色线时，将底色线放在配色线的上方，用配色线编织。

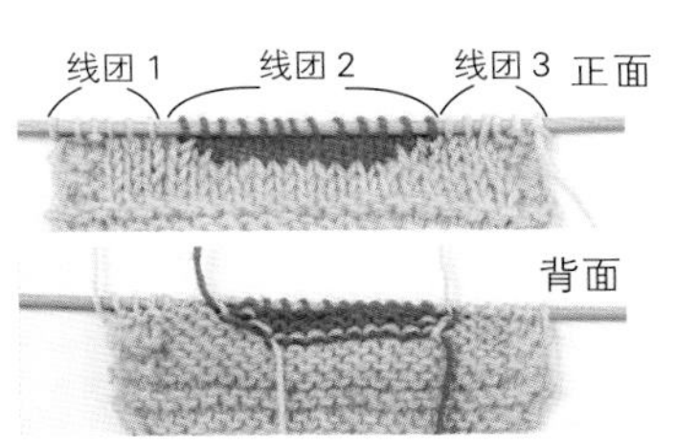

5 准备换线(色)部分的线团，参考步骤3、4的方法，一边换线(色)一边编织下去。

配色花样的编织方法(包住渡线编织的方法)

看着正面编织时

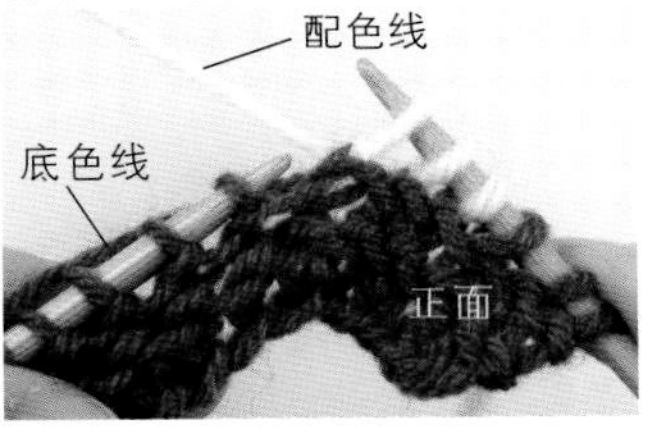

1 如果渡线距离较长，需一边每隔几针(此处为每隔3针)包住渡线一边编织下去。图为编织至底色线3针、配色线3针的样子。

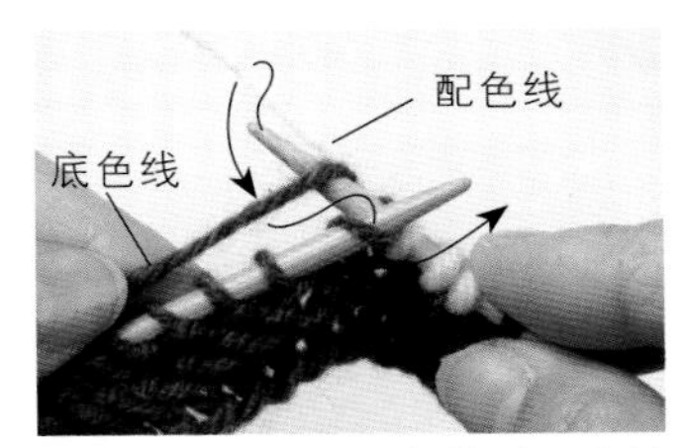

2 继续，编织配色线时，在针目中入针后，将底色线挂在针上，按箭头所示拉出配色线，编织下针。

3 配色线编织好，底色线的渡线被包住的样子。如果渡线距离较长，参考步骤2的方法编织下去。

看着背面编织时

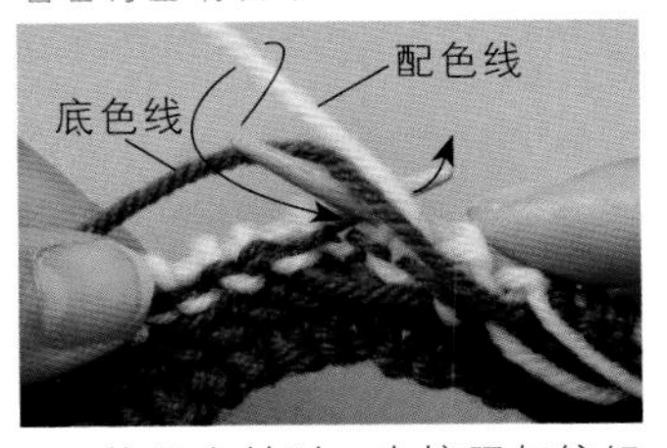

4 编织上针时，也按照与编织下针相同的要领，一边每隔几针包住渡线一边编织下去。包住渡线编织时，在针目中入针后，将底色线挂在针上，按箭头所示拉出配色线，编织上针。

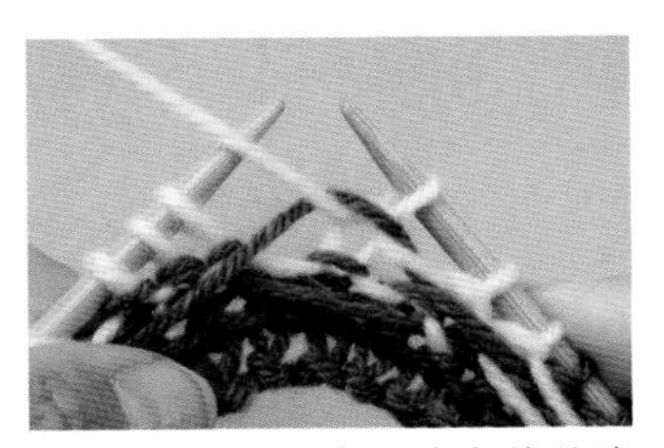

5 配色线编织好，底色线的渡线被包住的样子。

6 如果渡线距离较长，参考步骤1～5的方法编织下去。

引拔针线迹的编织方法

※ 图片中的作品并非本书中的实际作品

1 主体的织片编织好的样子。

2 在编织起点的位置入针，在针尖上挂线，按箭头所示拉出。

3 拉出线后的样子。

4 在上侧 1 行的针目中入针，按照与步骤 2 相同的要领将线拉出，按箭头所示引拔。

5 编织好 1 针的样子。

6 重复步骤 4，在每 1 行编织引拔针。

下针刺绣的刺绣方法

※ 图片中的作品并非本书中的实际作品

右斜方向刺绣时

1 在要刺绣的针目中间，从背面出针（a），按刺绣前进的方向入针并挑起针目（b）。

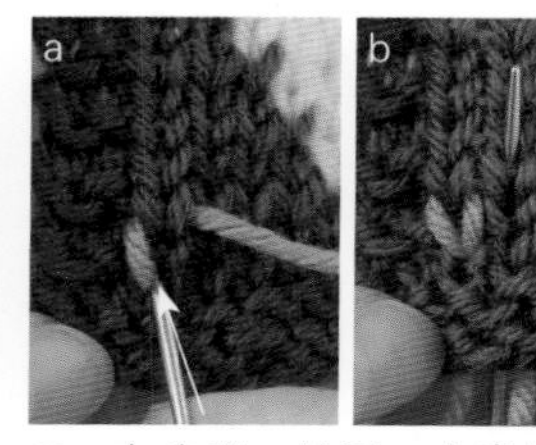

2 在步骤 1 的图 a 中出针的针目中再次入针（a），然后在下一个要刺绣的针目中间出针（b）。

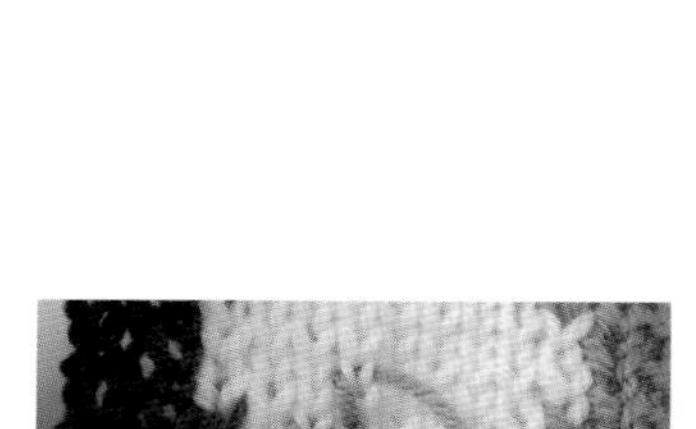

3 重复步骤 1、2，按右斜方向刺绣。

左斜方向刺绣时

1 在要刺绣的针目中间，从背面一侧出针，按刺绣前进的方向入针并挑起针目（a），在出针的针目中再次入针，然后在下一个要刺绣的针目中间出针（b）。

2 按照与步骤 1 相同的要领左斜方向刺绣。菱形中心刺绣了右斜方向的针目需跳过，继续刺绣。

左上 3 针并 1 针

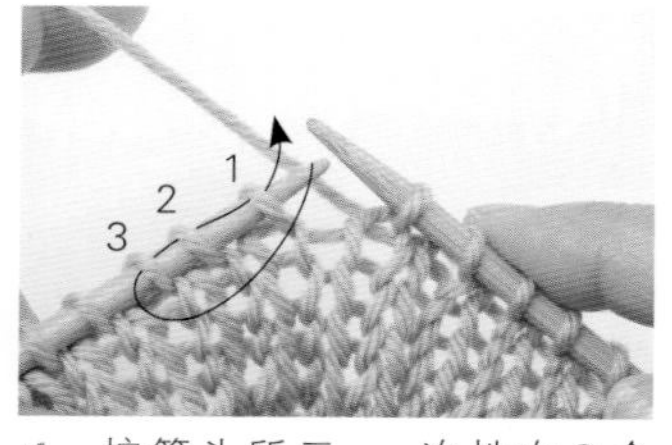

1 按箭头所示，一次性在 3 个针目中入针。

2 在右棒针上挂线，3 针一起编织下针。

3 左上 3 针并 1 针完成。

右上 3 针并 1 针

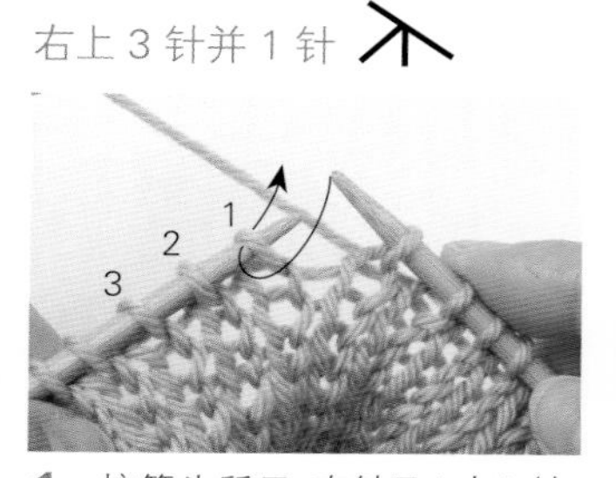

1 按箭头所示，在针目 1 中入针，不编织直接移至右棒针。

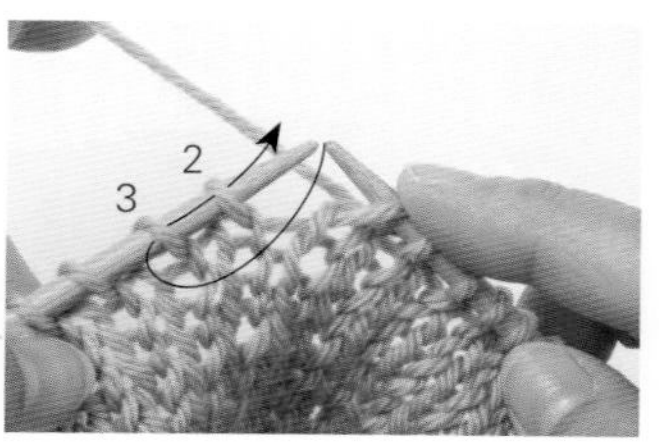

2 按箭头所示一次性在 2 个针目中入针，2 针一起编织下针。

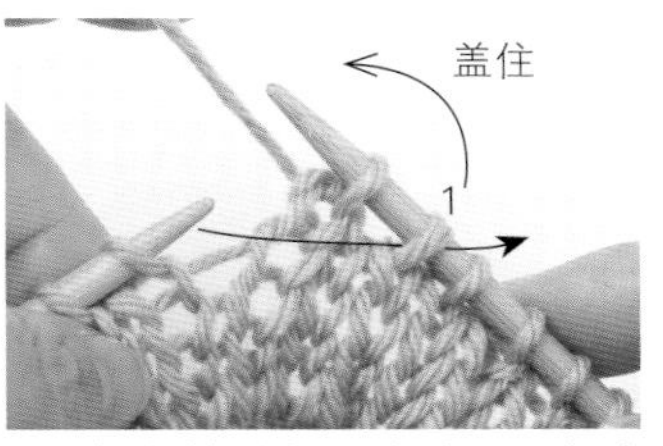

3 将左棒针插入在步骤1中移至右棒针的针目中，将其盖在编织好的针目上。

4 右上 3 针并 1 针完成。

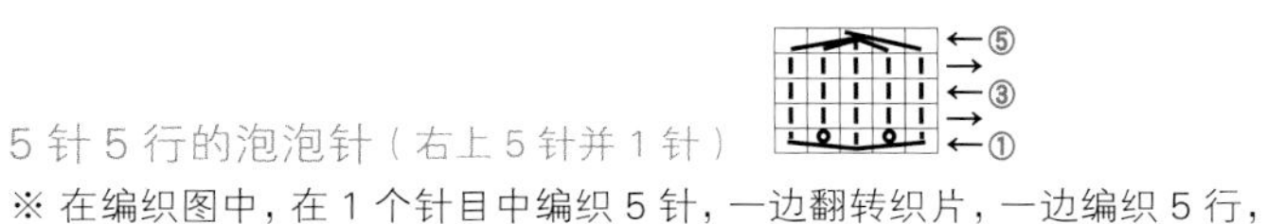

5 针 5 行的泡泡针（右上 5 针并 1 针）

※ 在编织图中，在 1 个针目中编织 5 针，一边翻转织片，一边编织 5 行，编织出泡泡针

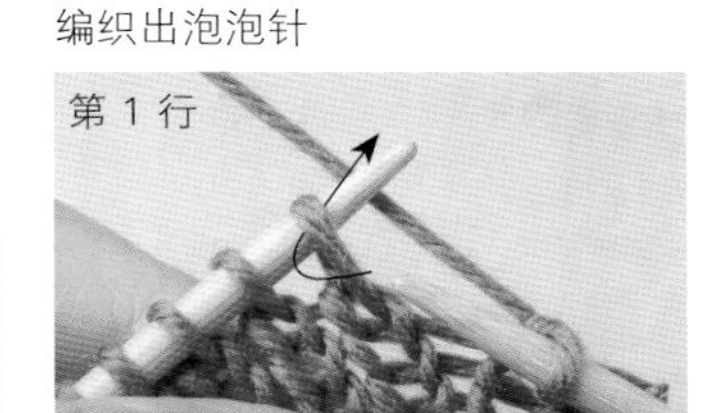

1 先编织 1 针下针。尚未移至右棒针时的样子。

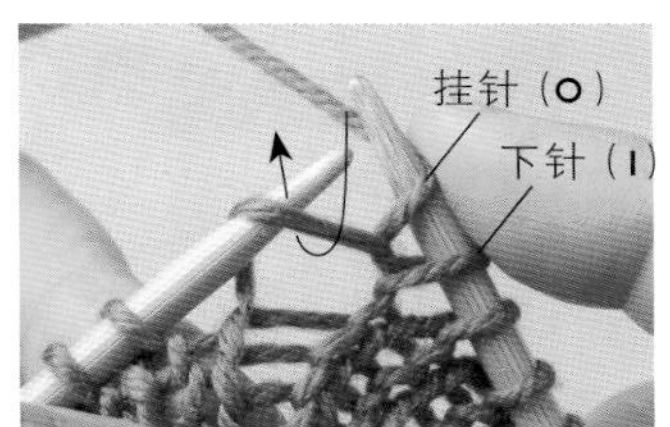

2 编织 1 针挂针后，在与步骤 1 相同的针目中再次编织 1 针下针。

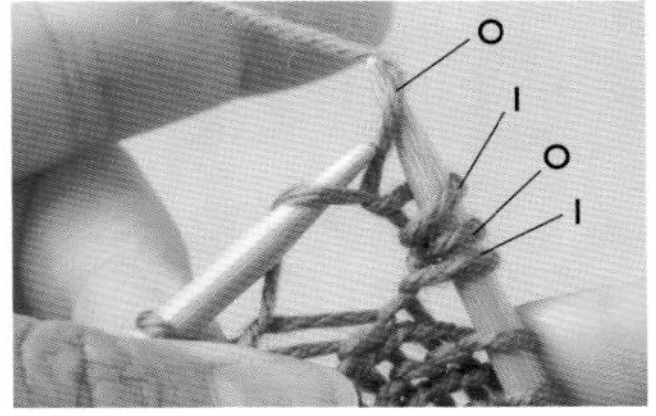

3 重复步骤 2，在与步骤 1 相同的针目中再次编织 1 针挂针和 1 针下针。

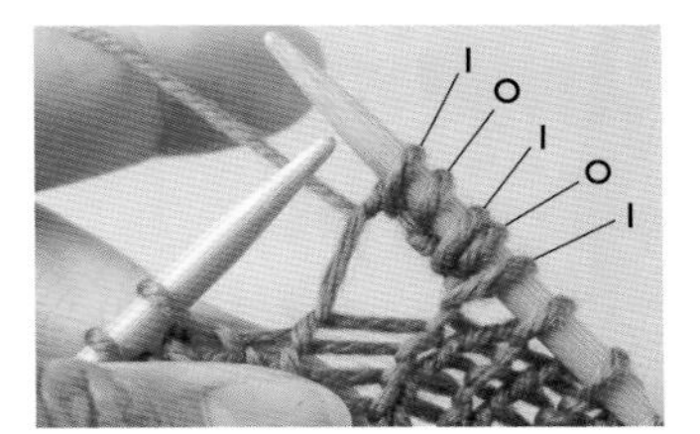

4 1 个针目中下针和挂针交替编织好 5 针的样子。

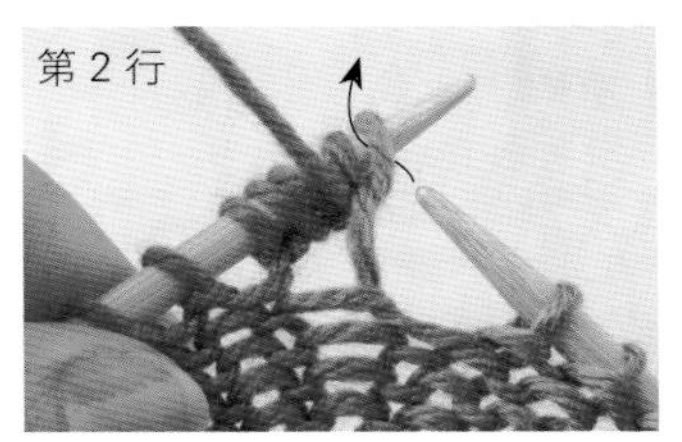

5 将织片翻至背面，将步骤 4 中编织好的 5 针编织上针。

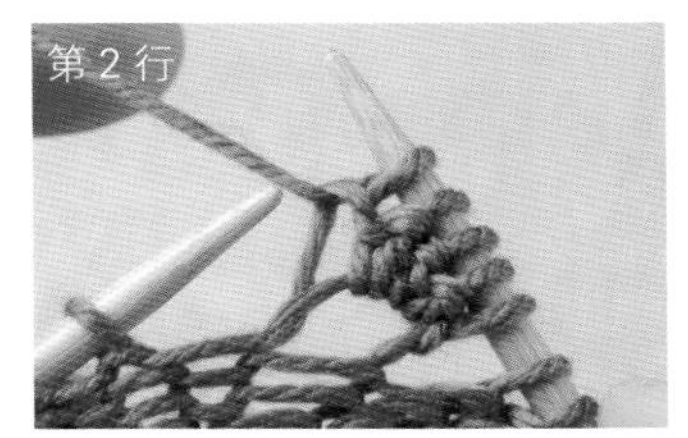

6 编织好 5 针上针的样子。

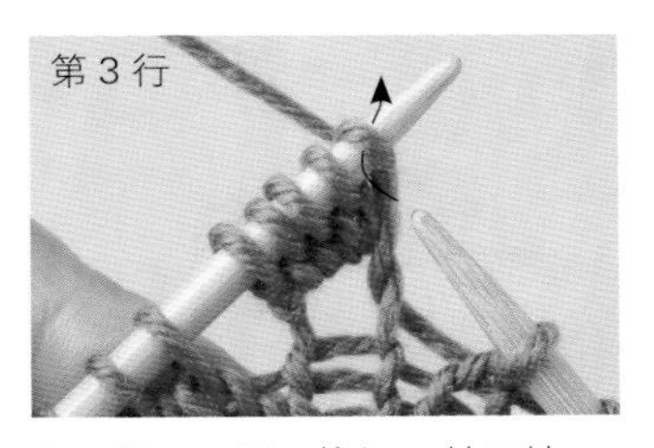

7 翻至正面，编织 5 针下针。

8 翻至背面，编织 5 针上针。

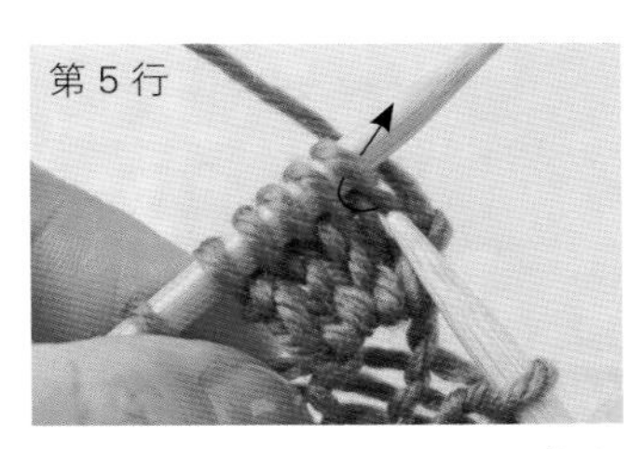

9 翻至正面，按箭头所示挑起第 1 针，不编织直接移至右棒针。

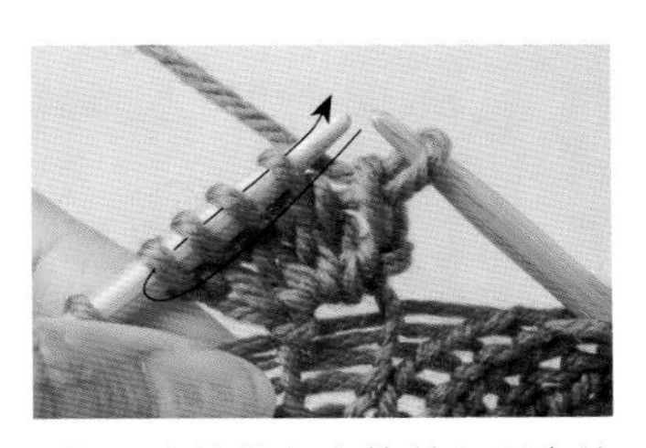

10 一次性挑起左棒针上剩余的 4 个针目，4 针一起编织下针。

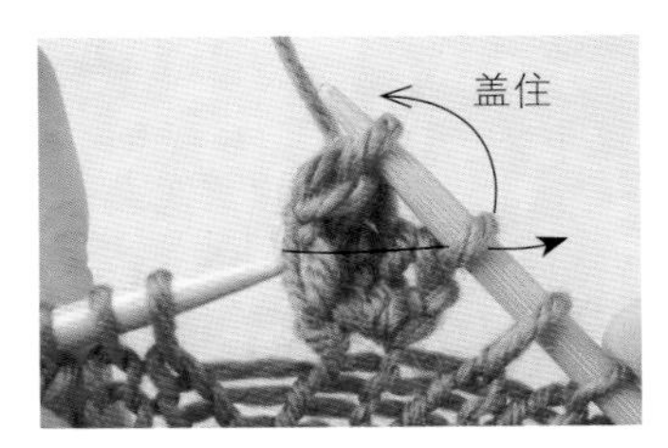

11 用左棒针在步骤 9 中移至右棒针的针目中入针，将其盖在编织好的针目上。

12 右上 5 针并 1 针编织好了。5 针 5 行的泡泡针（右上 5 针并 1 针）完成。

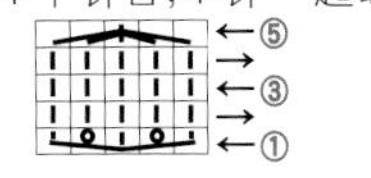

5 针 5 行的泡泡针（中上 5 针并 1 针）

※ 按照与右上 5 针并 1 针相同的要领编织，只有最后一行（第 5 行）的减针方法（针目的重叠方法）不同

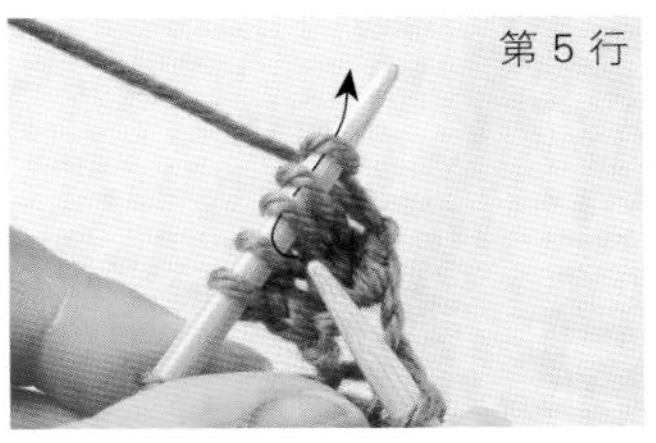

1 参考右上 5 针并 1 针的步骤 1 ~ 8，编织至第 4 行时的样子。按箭头所示一次性挑起 3 个针目，不编织直接移至右棒针。

2 一次性挑起左棒针上剩余的 2 个针目，2 针一起编织下针。

3 将左棒针插入在步骤 1 中移至右棒针的 3 个针目中，将其一次性盖在编织好的针目上。

4 中上 5 针并 1 针编织好了。5 针 5 行的泡泡针（中上 5 针并 1 针）完成。

扭针

看着正面编织时（扭转针目，编织下针）

1 按箭头所示，从外侧扭转针目入针。

2 编织下针。

3 扭针编织好的样子。下方的针目被扭转了。

看着背面编织时（扭转针目，编织上针）

※ 看着正面编织时，符号图是 ，但看着背面编织时，符号图是 （上针的扭针）

1 按箭头所示，从外侧扭转针目入针。

2 编织上针。

3 上针的扭针编织好了。下方的针目被扭转了。

扭针的加针（下针）

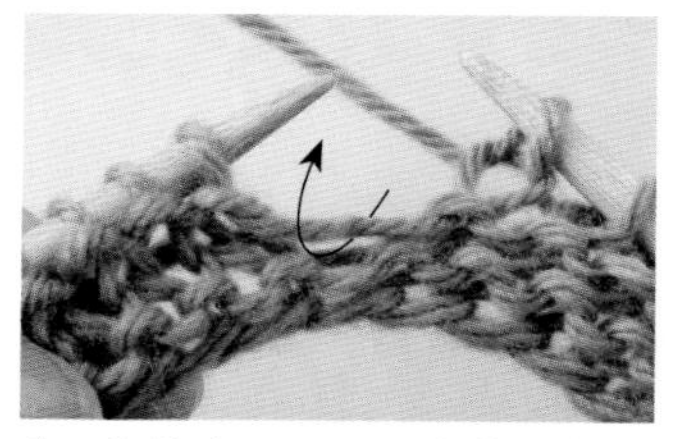

1 按箭头所示，用右棒针挑起前一行针目与针目之间的渡线。

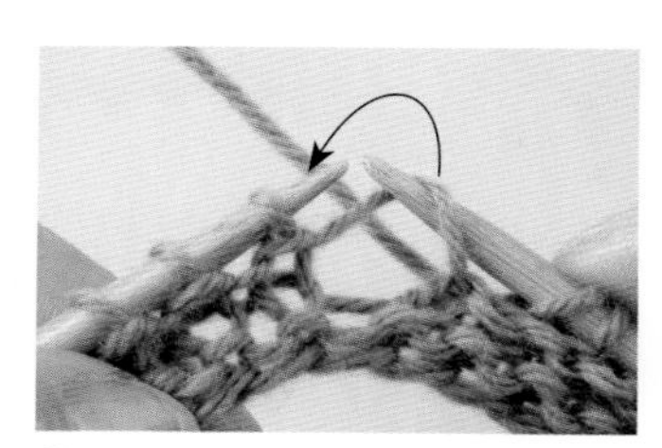

2 将挑起来的线挂在左棒针上。

3 挂在左棒针上的样子。

4 按箭头所示，从外侧扭转针目入针，编织下针。

5 渡线扭转，编织好 1 针下针的样子（增加了 1 针）。

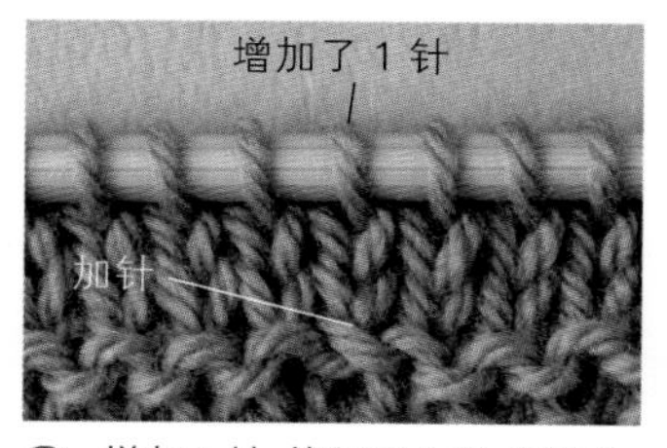

6 增加 1 针，编织了 3 行的样子。

左上 1 针扭针交叉（下侧上针）

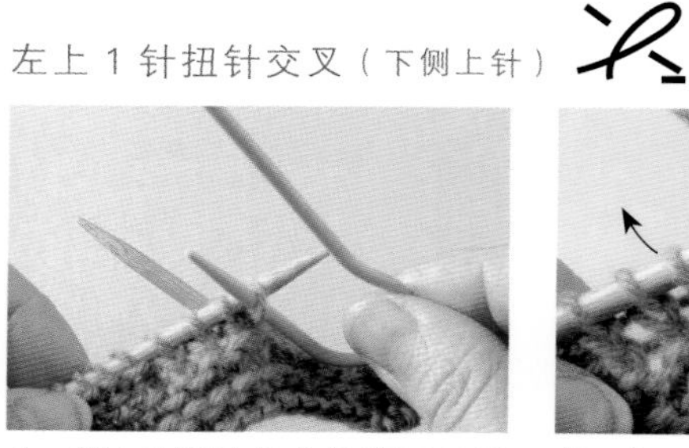

1 第 1 针不编织直接移至 U 形麻花针上，放在织片的外侧休针备用。

2 第 2 针需参考扭针（看着正面编织时），编织扭针。

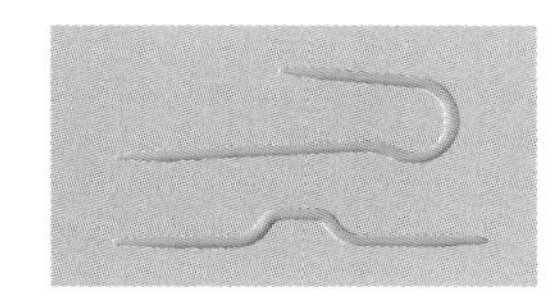

做交叉针时，有“麻花针”更方便。
麻花针有 2 种形状，交叉针数少时，用 U 形麻花针（图片上方）更容易编织。

3 扭针编织好的样子。

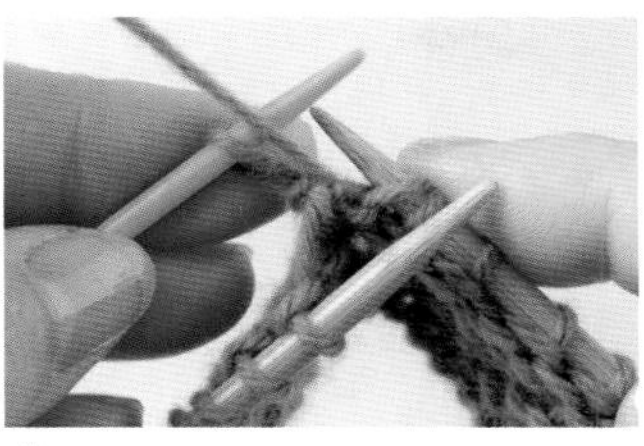

4 将 U 形麻花针上休针备用的针目编织上针。

5 左上 1 针扭针交叉（下侧上针）完成。

右上 1 针扭针交叉（下侧上针）

6 第 1 针不编织直接移至 U 形麻花针上，放在织片的内侧休针备用。第 2 针编织上针。

7 参考扭针（看着正面编织时），将 U 形麻花针上休针备用的针目编织扭针。

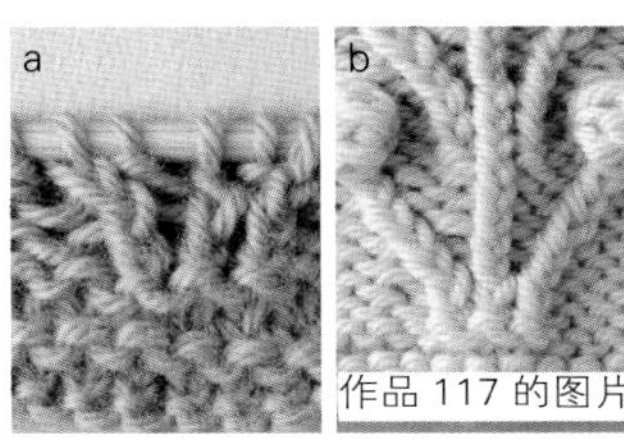

8 右上 1 针扭针交叉（下侧上针）完成（a）。如果继续编织下去，扭转交叉的针目会分别向左右形成两个走向（b）。

线头的处理

在织片顶端出现线头时

※ 在织片的背面处理线头

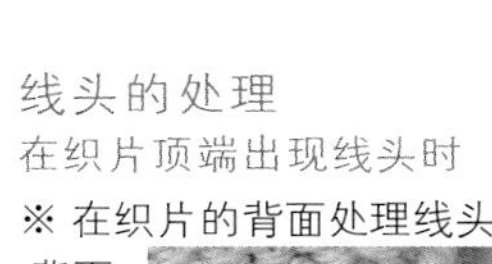

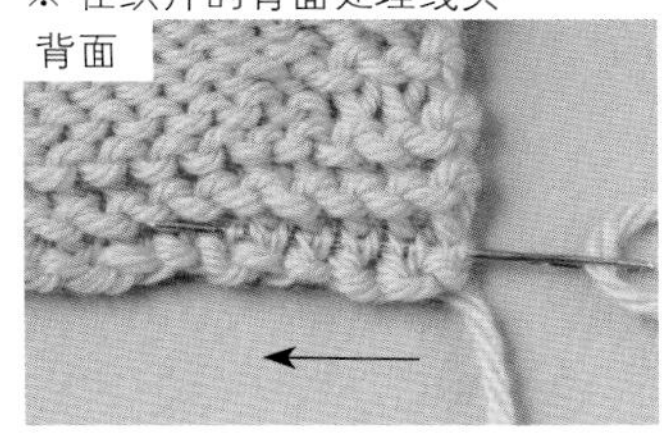

1 将线头穿入手缝针中，像把针目分层一样入针，注意不要影响正面的美观。

2 如果仅从一个方向处理，线头可能松散，所以需要空出 1 个针目从反方向入针，往返穿出。

3 剪掉剩余的线头，处理完成。

在织片中途出现线头时

1 将线头穿入手缝针中，分开背面的渡线入针。

2 如果仅从一个方向处理，线头可能松散，可从上一行的相反方向入针，往返穿出。

3 剪掉剩余的线头，处理完成。

熨烫定型

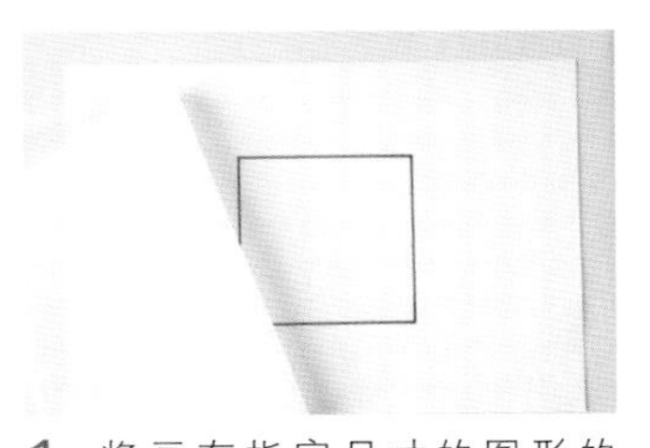

1 将画有指定尺寸的图形的纸、描图纸，按顺序重叠放置在熨烫台上。放置描图纸是为了防止画图的铅笔笔迹或水笔笔迹弄脏作品。

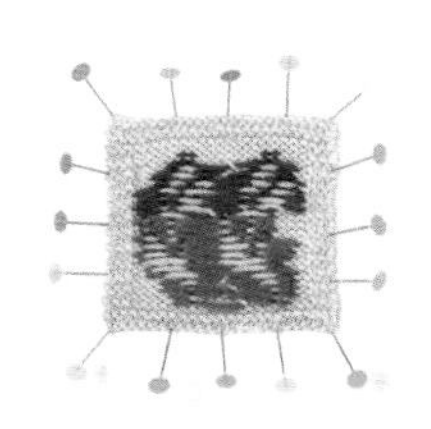

2 将织片的背面向上放在步骤 1 中的纸上方，和画出的图形对齐，用珠针固定。

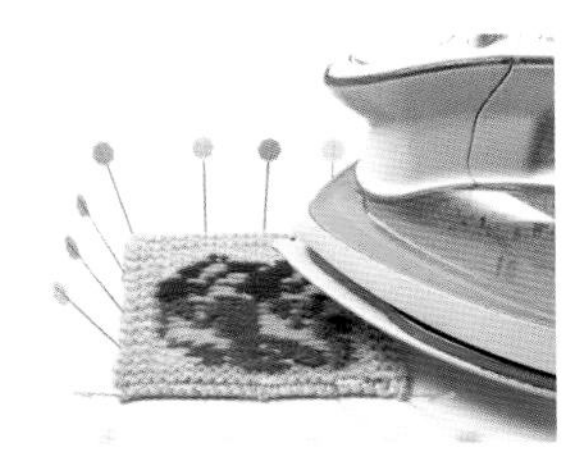

3 将熨斗抬起距离织片 2cm 左右，蒸汽熨烫。待织片散热后取下珠针。需注意的是，如果织片没有放凉就取下珠针，调整好的形状有可能复原。

花片的连接方法

卷针缝合（使用手缝针）

・对齐行与行时　※ 将花片的正面对齐，卷针缝合

1 将花片正面向外重叠，在顶端针目的内侧入针 2 次，缝合固定。

2 对齐入针位置，均匀地挑起 1 针内侧。

3 挑起数针后的样子。

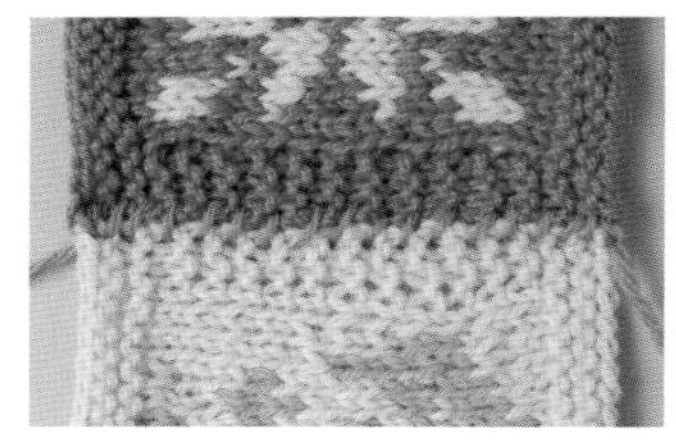

4 在最后的针目中入针 2 次，缝合固定。注意拉线的力度，不要拉扯花片。

・对齐针目与针目时

1 将花片正面向外对齐，分别挑起顶端针目的 2 根横线，入针 2 次，牢固固定。

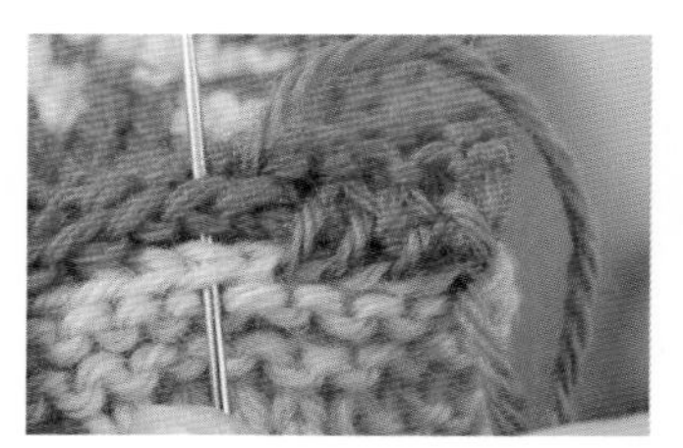

2 对齐入针位置，均匀地挑起针目。

・对齐行与针目时

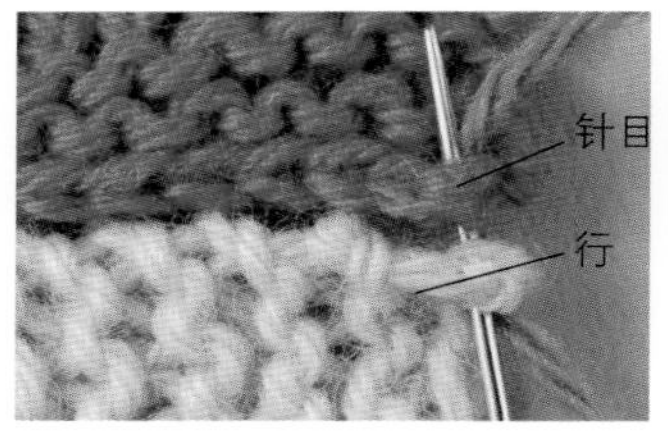

1 将花片正面向外对齐，在顶端的针目（针目上为 2 根横线，行上为 1 针内侧）中入针 2 次，缝合固定。

2 行数与针数的差需平均跳过，均匀地挑针，使花片保持平整。

引拔接合（使用钩针）

・接合针目与针目时　※ 将织片正面向内对齐，引拔接合。如果是行与行、行与针目，也按相同的要领接合

1 将织片正面向内重叠，对齐顶端的针目入针，挂线后拉出。

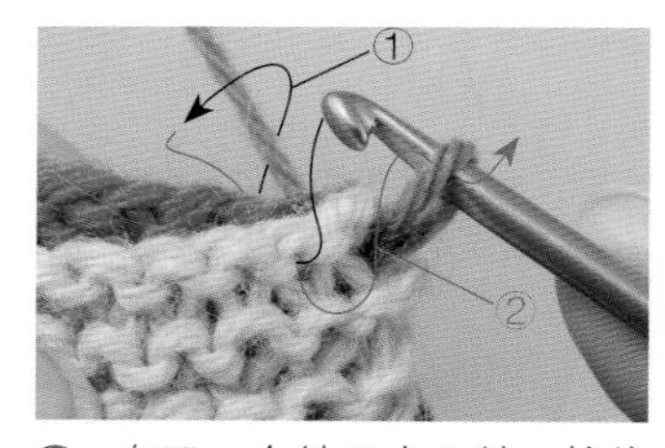

2 在下一个针目中入针，挂线（①），与钩针上的 1 个针目一起引拔（②）。

3 重复步骤 2，编织下去。

4 注意拉线的力度，不要拉扯花片。

挑针缝合（使用手缝针）

・缝合起伏针的行与行时　※ 将织片挑针缝合
※ 为了线的走向更加清晰，步骤 1 ~ 3 中将线放松进行讲解

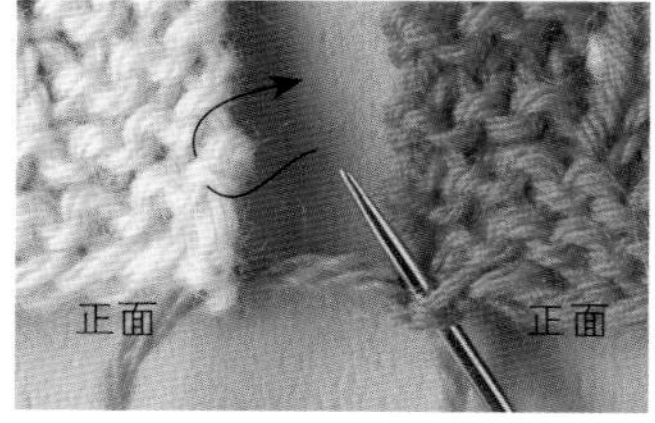

1 在 2 个织片的起针中分别入针 2 次，缝合固定。然后按箭头所示，挑起左侧花片 1 针内侧向下的线。

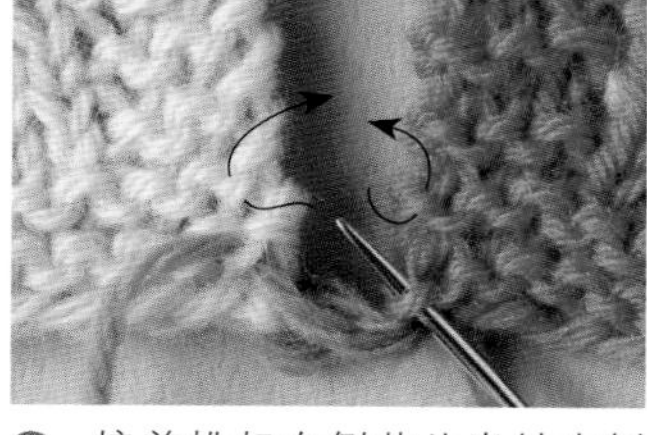

2 接着挑起右侧花片半针内侧向上的线。继续按相同的方法，每 1 行交错挑起左右的线。

3 挑起多行后的样子。

4 实际上需像上图中一样，将缝线拉紧至看不见。

重点教程 各个作品的重点

90

图片 p.42 制作方法 p.106

3 针中长针的变形的枣形针 

※ 在重点教程中，为了清晰易懂，更换了线的种类和颜色等进行讲解

1 像编织下针一样插入钩针，挂线后拉出。

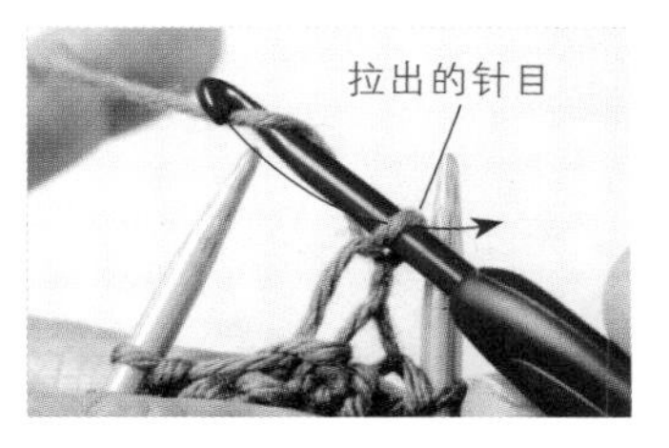

2 继续，像图片中一样在钩针上挂线，按箭头所示拉出，编织 3 针锁针。

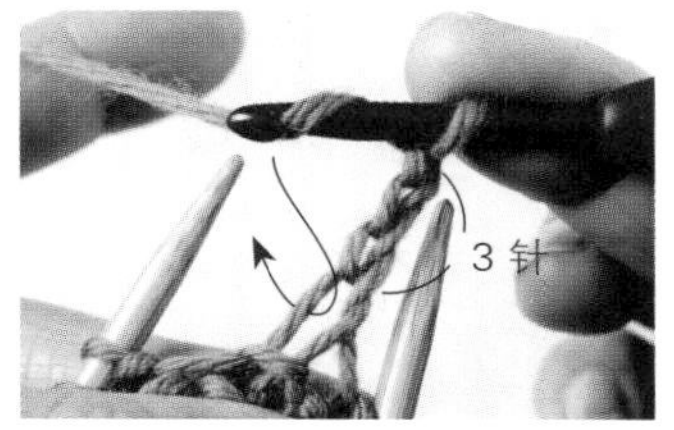

3 在针尖上挂线，按箭头所示入针，再次在针尖上挂线后拉出。

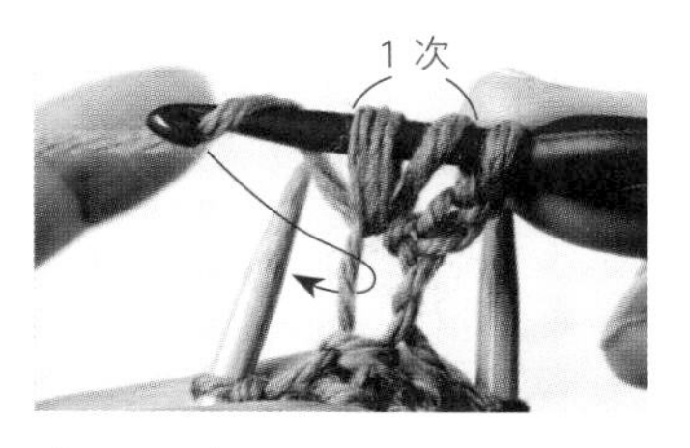

4 再重复 2 次步骤 3。

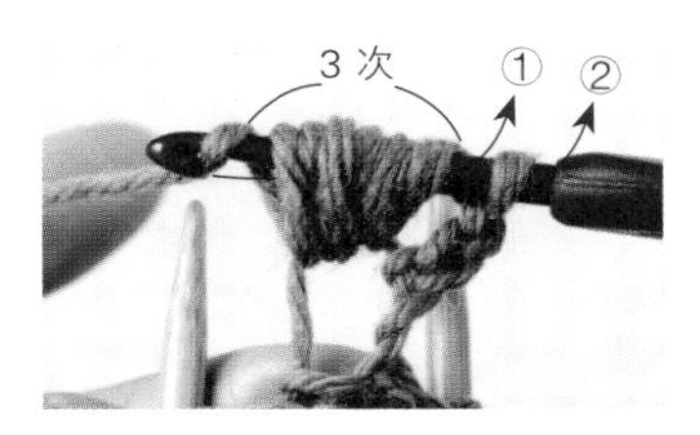

5 在针尖上挂线，按箭头①所示引拔。再次挂线，按箭头②所示引拔所有针目。

6 将钩针上的针目挂回右棒针上。

7 挂回右棒针后的样子。3 针中长针的变形的枣形针完成。

136

图片 p.57 制作方法 p.123

上针的右加针 

※ 符号图从正面看到的是上针的右加针符号。但在看着背面编织的行中，编织下针的左加针符号（下针的左加针）

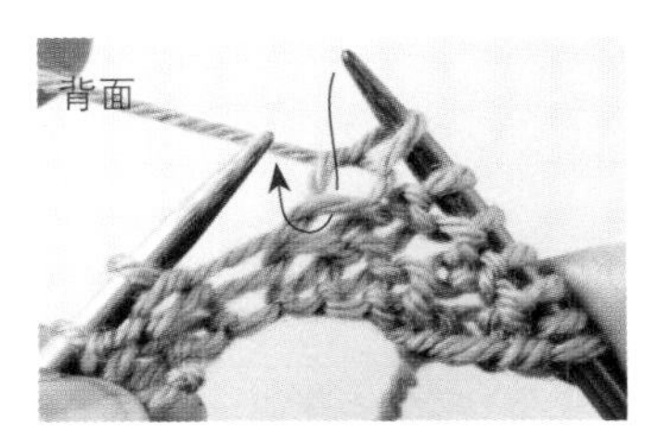

1 编织 1 针下针，继续按箭头所示，用右棒针挑起下方第 2 行的针目。

2 将挑起的针目移至左棒针，再按箭头所示入针，编织下针。

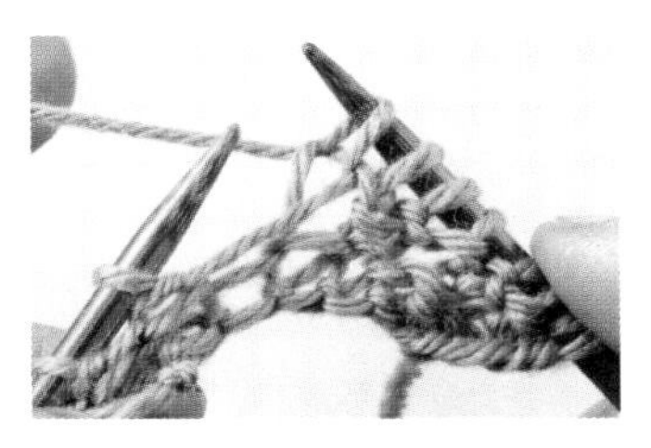

3 上针的右加针（下针的左加针）编织好了。

书中使用的线材介绍 Material Guide

※ 图片为实物粗细

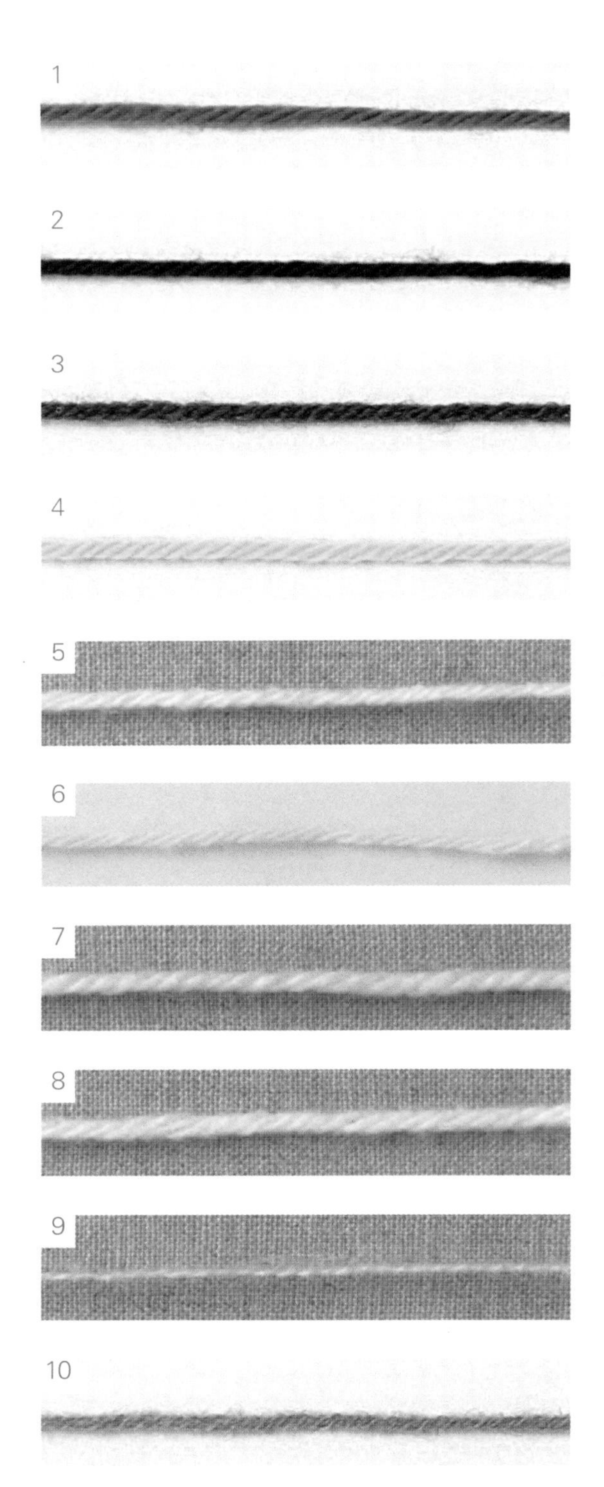

株式会社 Daidoh Forward　Puppy

1 QUEEN ANNY　100% 羊毛，50g/ 团，约 97m，全 55 色，6 ~ 7 号棒针

2 Princess Anny　100% 羊毛（防缩加工），40g/ 团，约 112m，全 35 色，5 ~ 7 号棒针

Hamanaka（和麻纳卡）株式会社

3 Amerry　70%羊毛（新西兰美利奴羊毛）、30%腈纶，40g/团，约110m，全52色，6~7号棒针

4 Exceed Wool L（中粗）　100% 羊毛（超细美利奴羊毛），40g/ 团，约 80m，全 29 色，6 ~ 8 号棒针

5 可爱宝宝　60% 腈纶、40% 羊毛（美利奴羊毛），40g/ 团，约 105m，全 20 色，5 ~ 6 号棒针

Hamanaka（和麻纳卡）株式会社　Rich More

6 Percent　100% 羊毛，40g/ 团，约 120m，全 100 色，5 ~ 7 号棒针

藤久株式会社

7 Wister Washable Merino 100（中粗）　100% 羊毛（可机洗美利奴羊毛），40g/ 团，约 69m，全 20 色，7 ~ 8 号棒针

8 Wister Baby BABY　60% 腈纶、40% 羊毛，40g/ 团，约 100m，全 10 色，5 ~ 6 号棒针

9 Wister Mohair　60% 腈纶、40% 马海毛，25g/ 团，约 103m，全 12 色，5 ~ 6 号棒针

横田株式会社　Daruma

10 混入空气制线的羊毛、羊驼毛线　80% 羊毛（美利奴羊毛）、20% 羊驼毛（皇家羔羊驼毛），30g/ 团，约 100m，全 13 色，5 ~ 7 号棒针

※1~10 从左至右为材质→规格→线长→色数→适合的针号

※色数为 2023 年 11 月的数据

关于废号线的介绍

※ 本书中的一些作品在重新编辑前出现了线的废号情况，已更换为正在销售的普通线名并加以表示。更换后的线名如下：

※1 ～ 9 从左至右为材质→规格→线长→适合的针号

※ 图片为实物粗细

细毛线

Olympus（奥林巴斯）制线株式会社

1 Furry Silk　60% 马海毛（超细幼皇家马海毛）、40% 蚕丝，25g/ 团，约 160m，4 ～ 6 号棒针（使用作品：111 / p.48）

粗毛线

Olympus（奥林巴斯）制线株式会社

2 Premio　100% 羊毛（内含 40% 塔斯马尼亚波耳沃斯羊毛），40g/ 团，约 114m，5 ～ 6 号棒针（使用作品：14 ～ 21 / p.12、13，35 ～ 42 / p.20、21，53 / p.27，55 ～ 57 / p.29 ～ 31）

3 Wafers　100% 棉，20g/ 团，约 56m，5 ～ 6 号棒针（使用作品：109 / p.48、112 ～ 115 / p.49）

4 Petit Marche Linen&Cotton（粗）　50% 麻、50% 棉，25g/ 团，约 44m，6 ～ 7 号棒针（使用作品：93 ～ 96 / p.44）

5 Silky Franc　34% 蚕丝、33% 羊毛（美利奴羊毛）、23% 马海毛（细幼马海毛）、10% 锦纶，40g/ 团，约 115m，5 ～ 7 号棒针（使用作品：127 / p.55）

中粗毛线

Olympus（奥林巴斯）制线株式会社

6 Alpaca Concerto　57% 羊毛、23% 腈纶、20% 羊驼毛，40g/ 团，约 102m，7 ～ 9 号棒针（使用作品：90 / p.42）

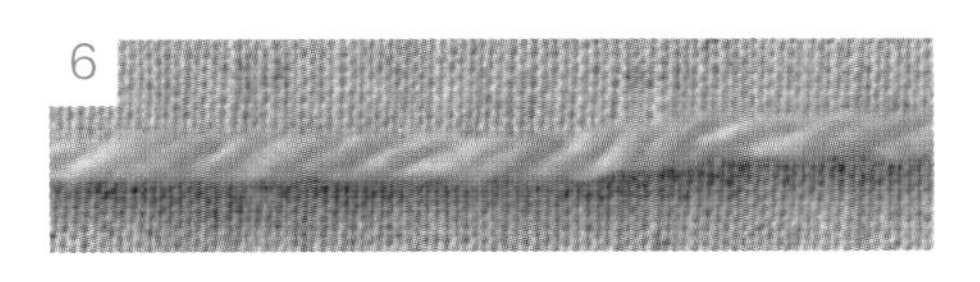

Hamanaka（和麻纳卡）株式会社

7 菜园 L（中粗）　100% 羊毛（美利奴羊毛），40g/ 团，约 80m，7 ～ 8 号棒针（使用作品：118 ～ 121 / p.51、52，129 ～ 136 / p.56、57）

中粗粗花呢线

Hamanaka（和麻纳卡）株式会社

8 Tweed Bazaar　100% 羊毛（设得兰羊毛），25g/ 团，约 65m，5 ～ 6 号棒针（使用作品：126、128 / p.55）

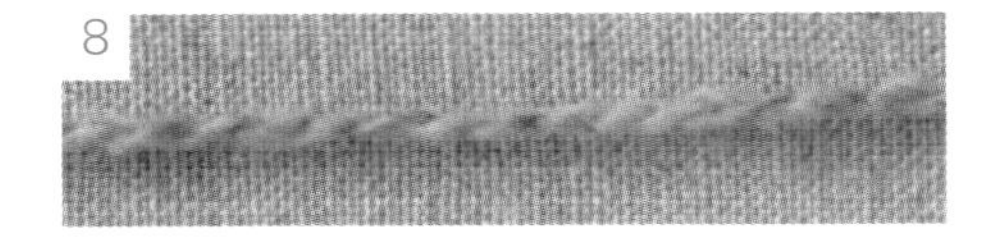

中粗马海毛线

Hamanaka（和麻纳卡）株式会社

9 Mohair Premier　55% 马海毛（细幼马海毛）、35% 腈纶、10% 羊毛，25g/ 团，约 90m，5 ～ 6 号棒针（使用作品：89 / p.42、105 ～ 108 / p.47）

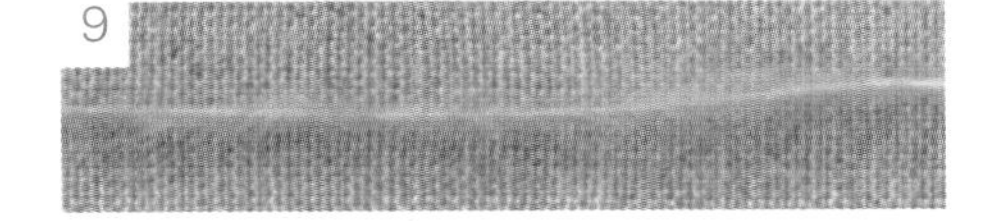

1

尺寸 30cm × 30cm
图片 p.6

线　Hamanaka　Exceed Wool L（中粗）/ 原白色（801）…49g，青瓷色（847）…5g，红色（※）…4g，酒红色（810）、粉色（842）…各3g，深红色（857）、浅粉色（※）…各2g
※因为是废号色，所以选用喜欢的线替代即可
针　7号棒针

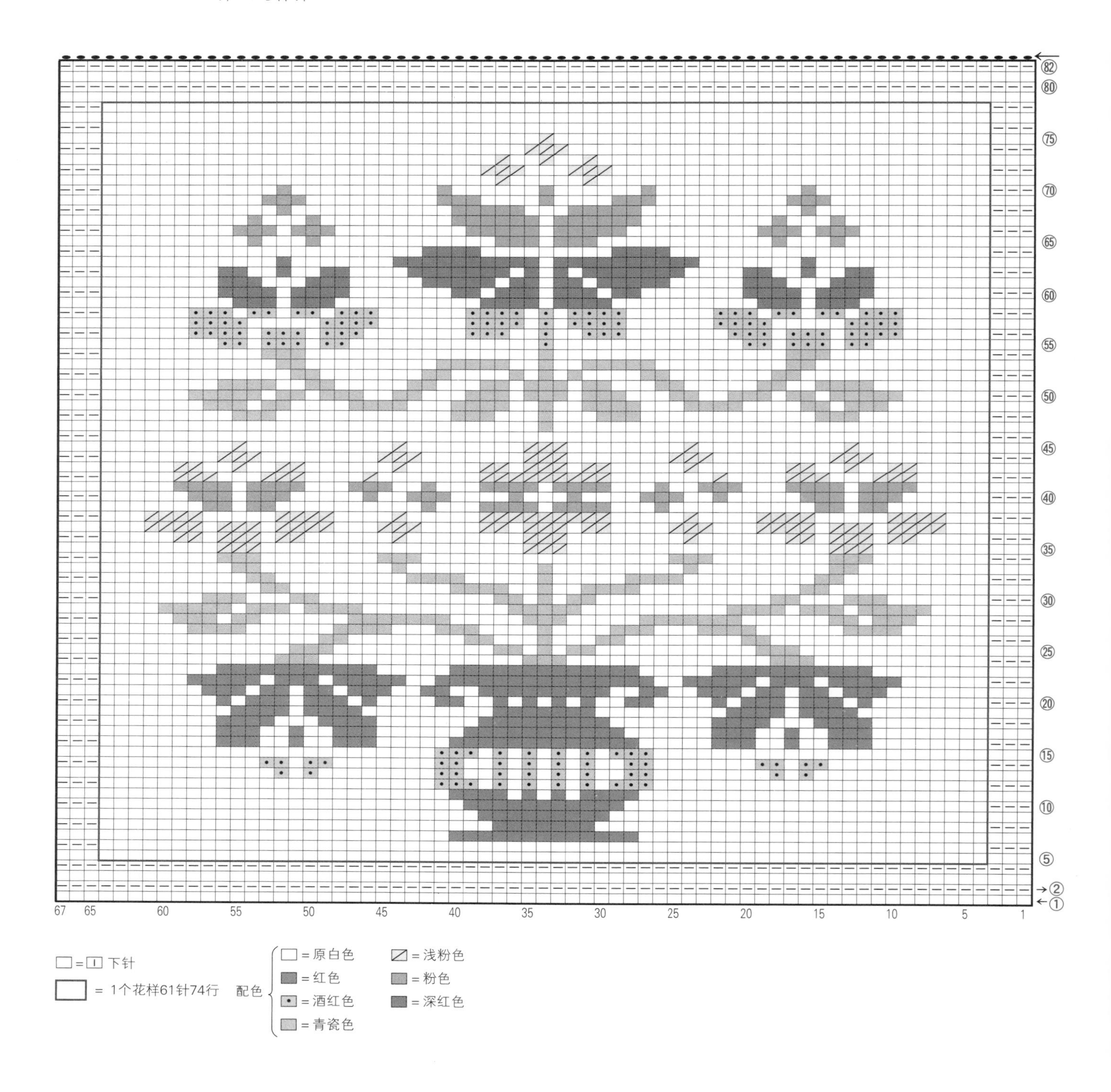

2

尺寸 15cm × 15cm
图片 p.7

线 Puppy Princess Anny / 紫红色（510）…10g，玫瑰红色（505）、浅粉色（527）、黄绿色（536）、粉色（544）…各1g
针 7号棒针

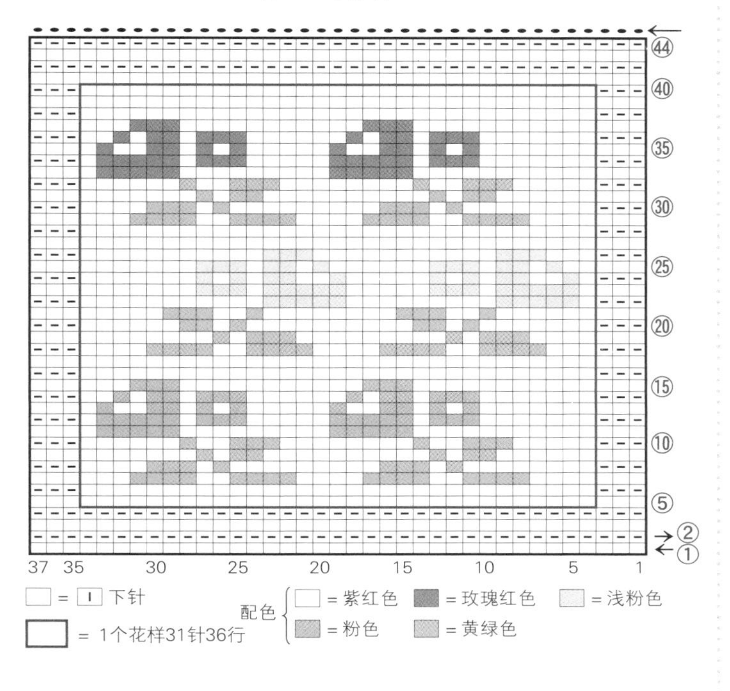

3

尺寸 15cm × 15cm
图片 p.7

线 Puppy Princess Anny / 象牙白色（547）…10g，玫瑰红色（505）、明黄色（541）…各2g，紫红色（510）、苔藓绿色（511）、浅粉色（527）…各1g
针 7号棒针

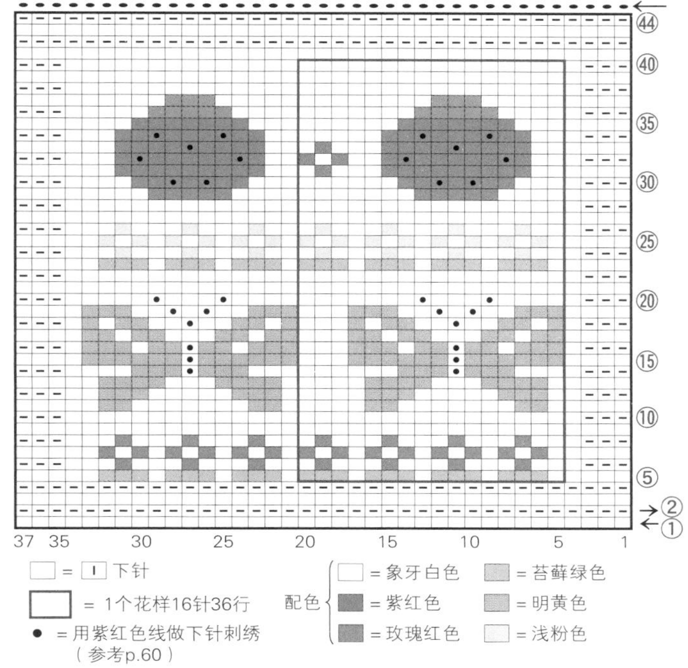

4

尺寸 15cm × 15cm
图片 p.7

线 Puppy Princess Anny / 象牙白色（547）…10g，苔藓绿色（511）、黄绿色（536）…各2g，粉色（544）…1g
针 7号棒针

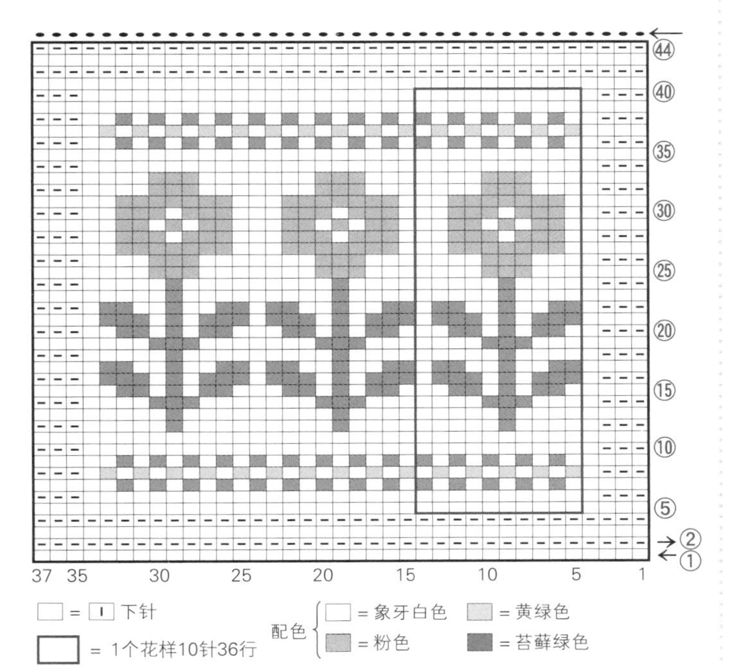

5

尺寸 15cm × 15cm
图片 p.7

线 Puppy Princess Anny / 紫红色（510）…10g、明黄色（541）…3g、黄绿色（536）…2g
针 7号棒针

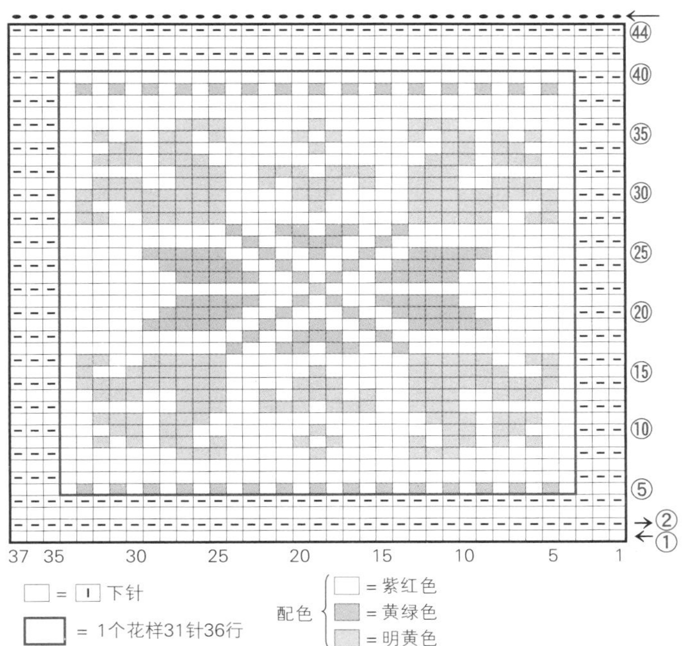

6

尺寸 15cm × 20cm
图片 p.8

线 Hamanaka Exceed Wool L（中粗）/ 浅紫色（812）…15g、深紫色（814）…10g、浅黄绿色（837）…1g
针 6号棒针

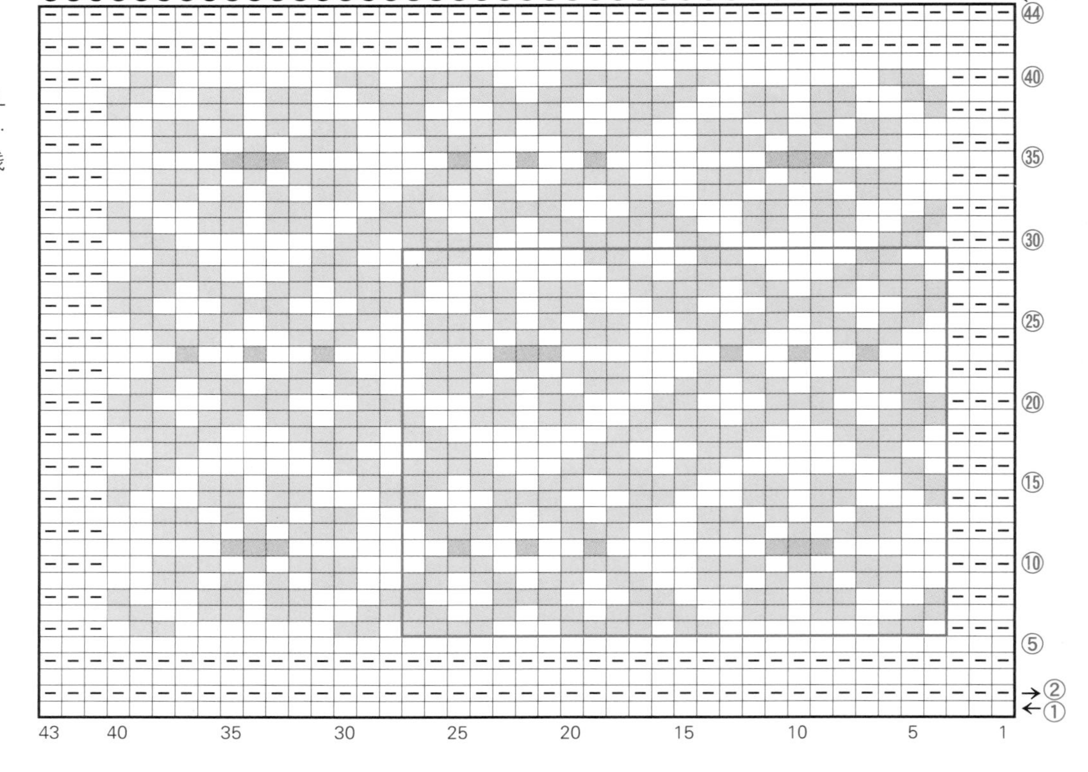

□ = ⅼ 下针

□ = 1个花样24针24行

配色 { □ = 浅紫色 / ■ = 浅黄绿色 / ■ = 深紫色 }

7

尺寸 15cm × 20cm
图片 p.8

线 Hamanaka Exceed Wool L（中粗）/ 米色（802）…15g、酒红色（810）…8g
针 6号棒针

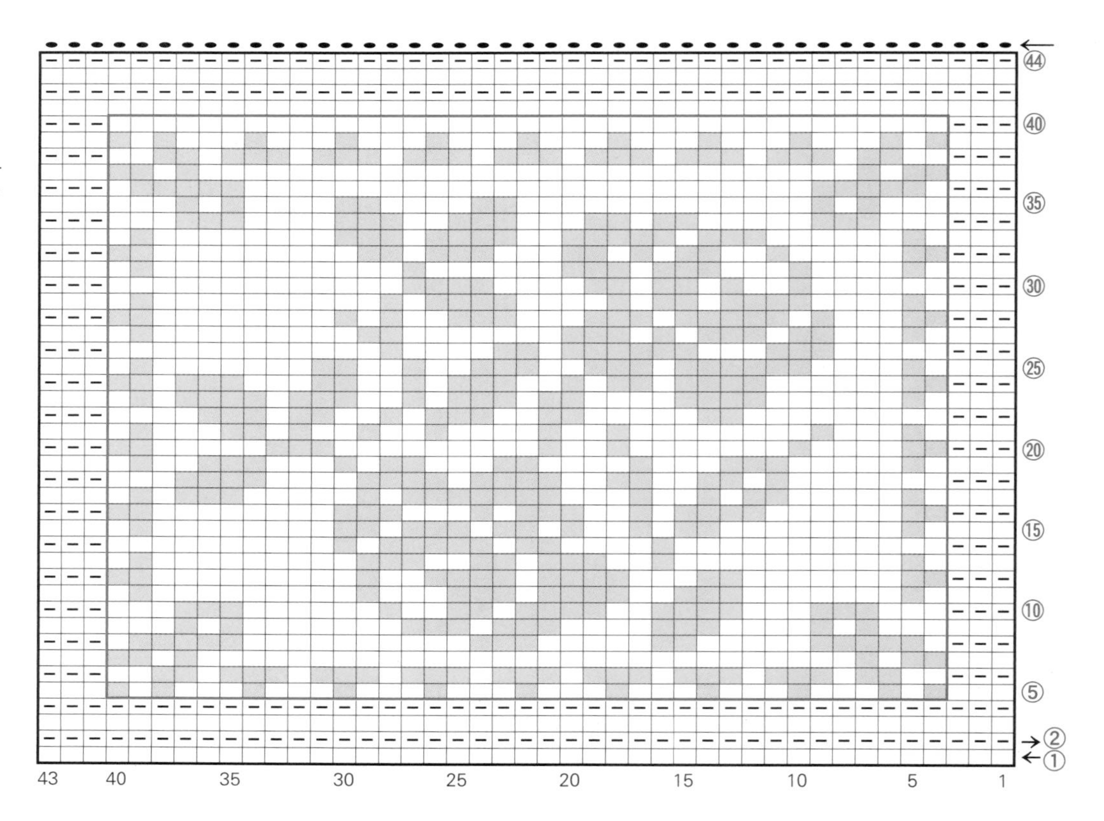

□ = ⅼ 下针

□ = 1个花样37针36行

配色 { □ = 米色 / ■ = 酒红色 }

8

尺寸 30cm × 30cm

图片 p.9

线　Hamanaka　Amerry／冰蓝色（10）…37g、紫色（18）…14g

针　5号棒针

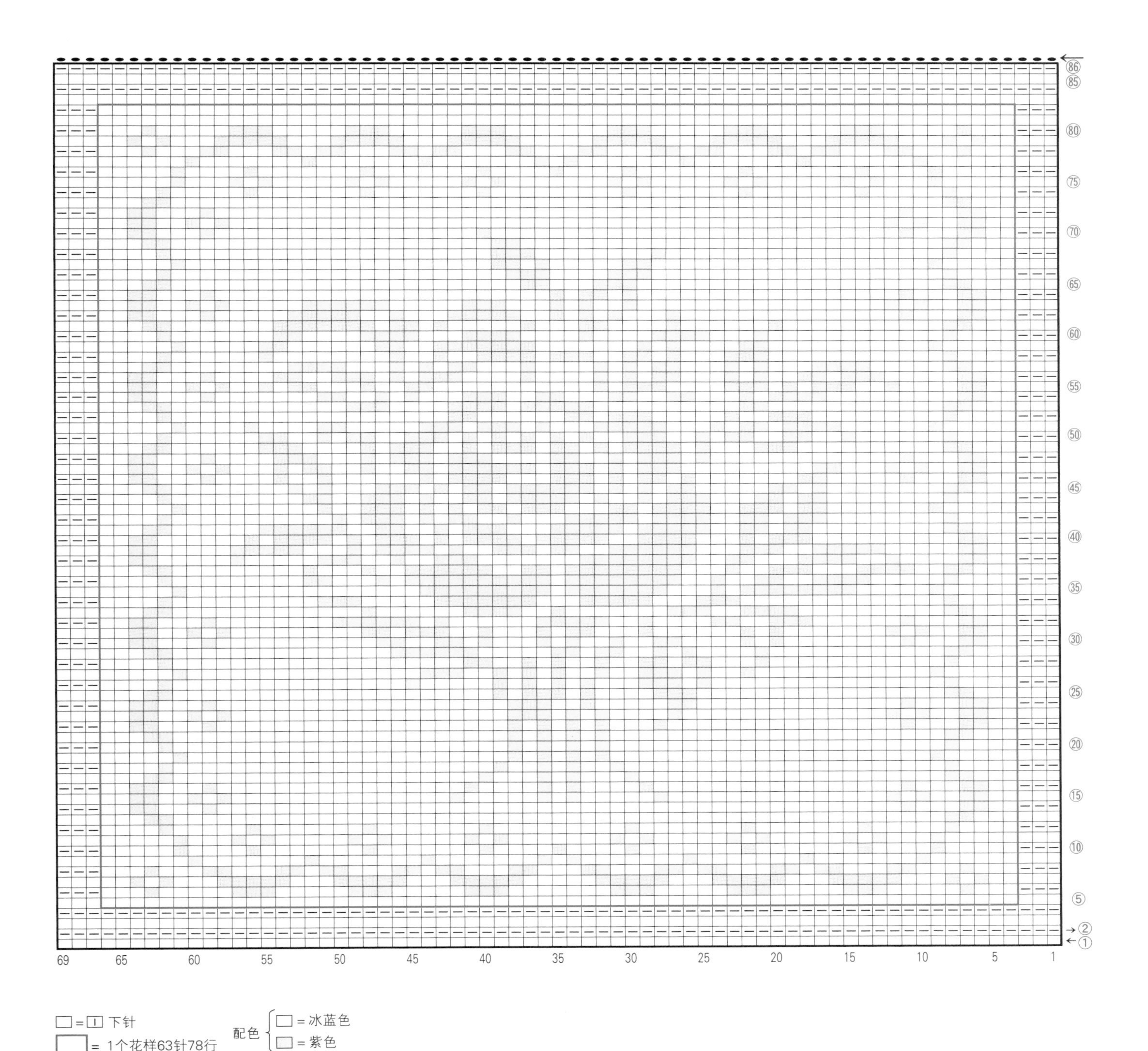

9

尺寸 31cm × 5cm
图片 p.10

线 Hamanaka Exceed Wool L（中粗）/ 米色（802）…10g、粉色（※）…3g
※=因为是废号色，所以选用喜欢的线替代即可
针 6号棒针

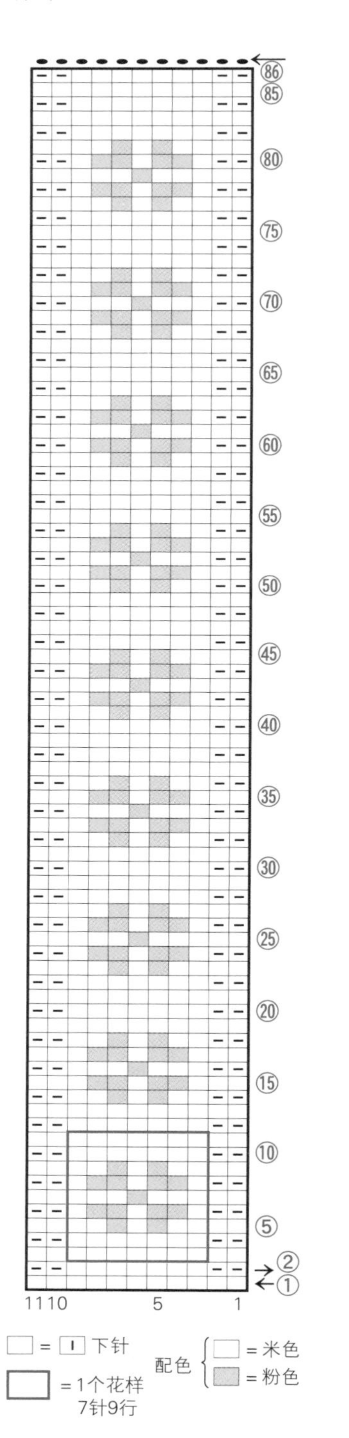

12

尺寸 32cm × 6cm
图片 p.10

线 Hamanaka Exceed Wool L（中粗）/ 原白色（801）…12g、绿色（※）…5g、红色（835）…4g
※因为是废号色，所以选用喜欢的线替代即可
针 5号棒针

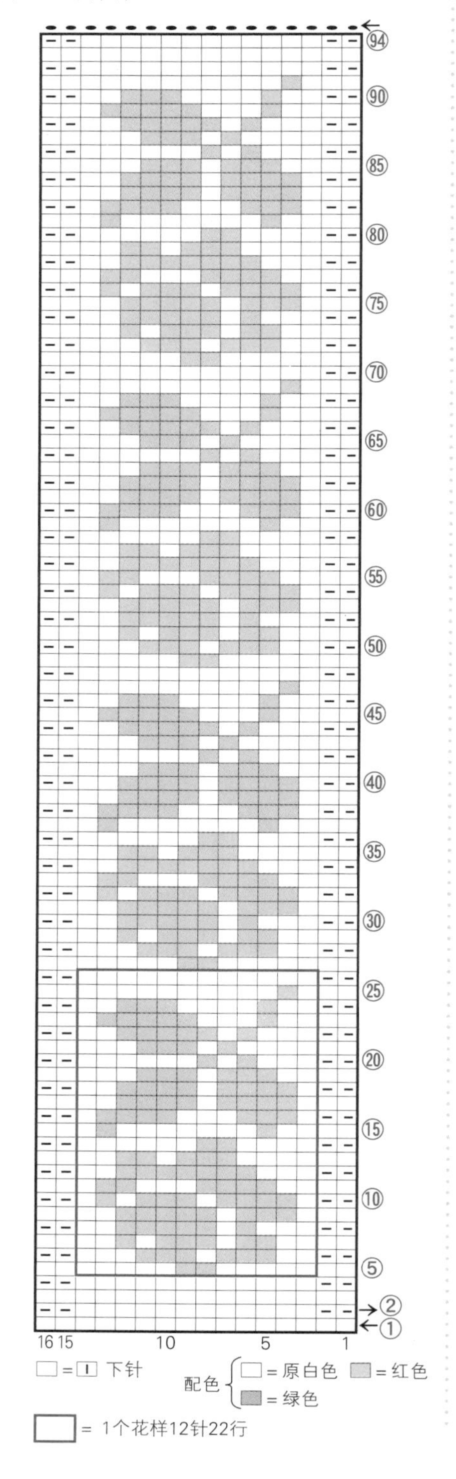

80

尺寸 30cm × 7cm
图片 p.39

线 Rich More Percent / 绿色（32）…7g，红色（※）…4g，嫩绿色（14）、褐色（※）…各2g
※因为是废号色，所以选用喜欢的线替代即可
针 5号棒针

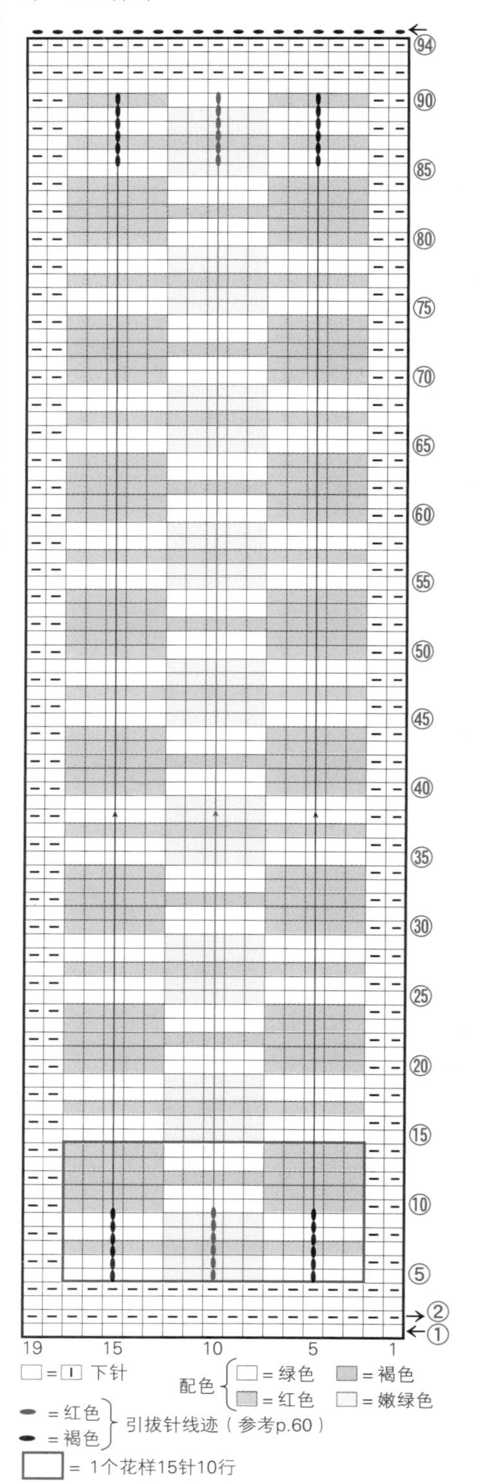

10

尺寸 30cm × 6cm
图片 p.10

线 Hamanaka Exceed Wool L（中粗）/ 藏青色（825）…7g、原白色（801）…2g、浅黄绿色（837）…1g
针 6号棒针

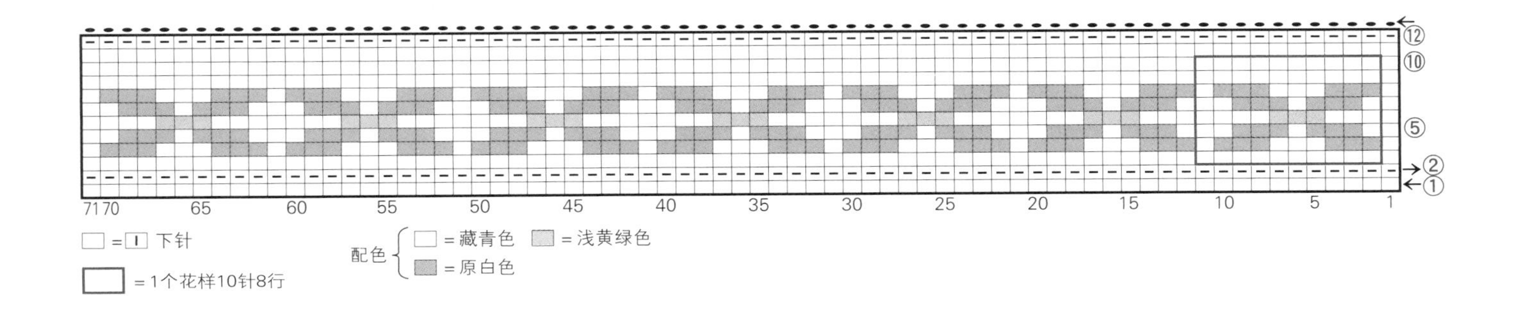

11

尺寸 20cm × 5cm
图片 p.10

线 Hamanaka Exceed Wool L（中粗）/ 米色（802）…10g、红色（835）…8g
针 6号棒针

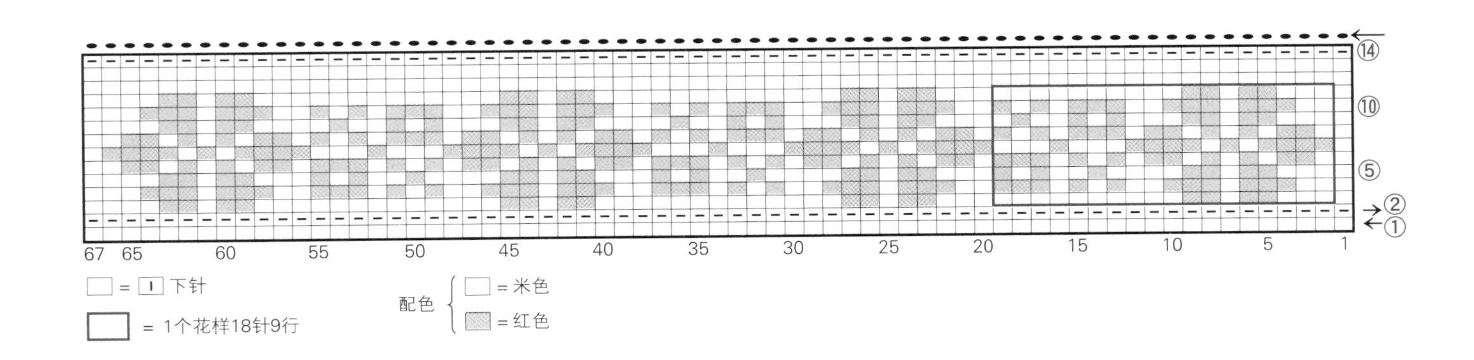

13

尺寸 30cm × 30cm
图片 p.11

线 Puppy Princess Anny / 象牙白色（547）…37g，浅粉色（527）…5g，玫瑰红色（505）、苔藓绿色（511）…各3g，红色（532）…2g
针 7号棒针

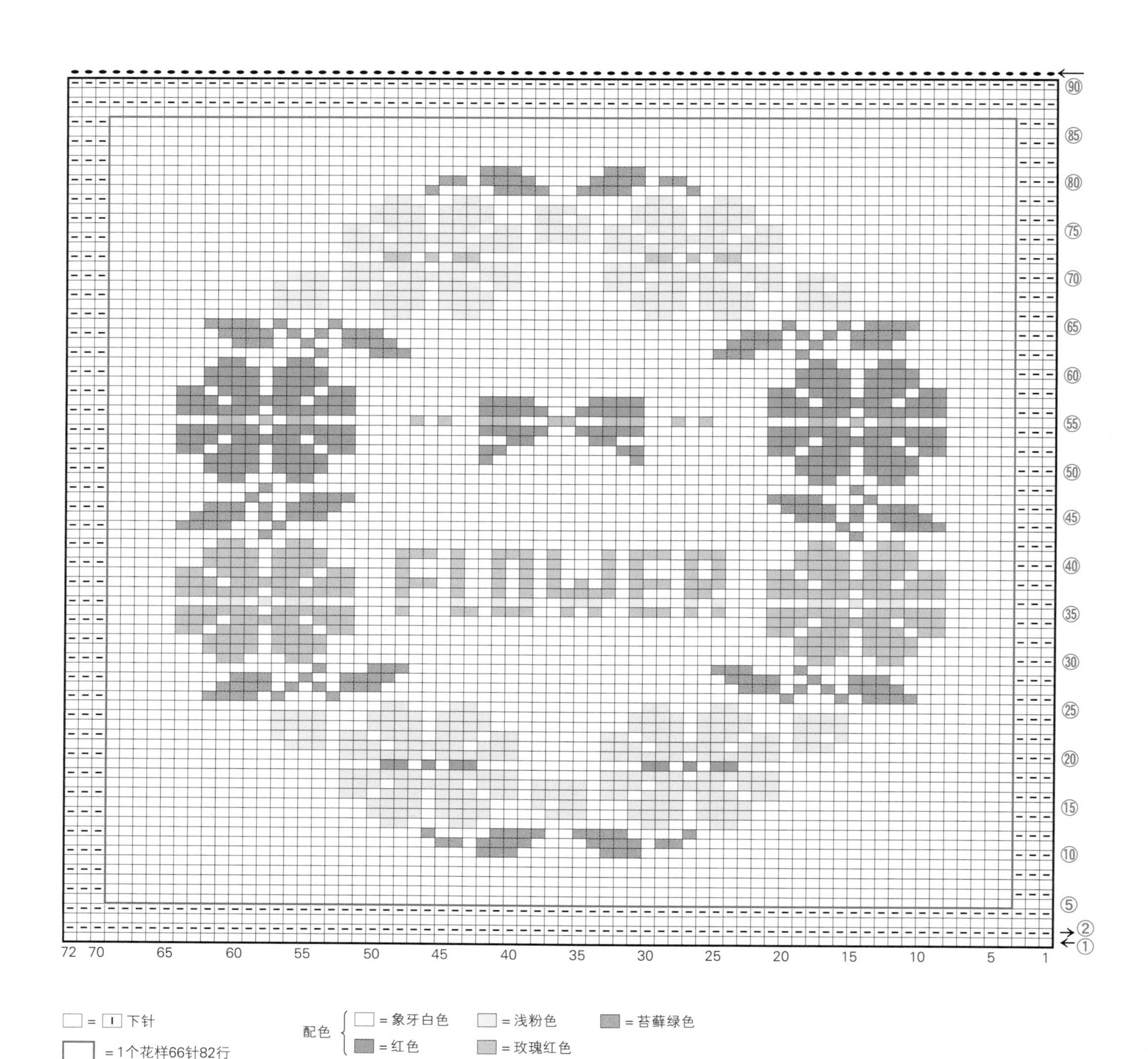

14

尺寸 15cm × 15cm
图片 p.12

线　Olympus　粗毛线 / 橙色…7g、原白色…5g
针　6 号棒针

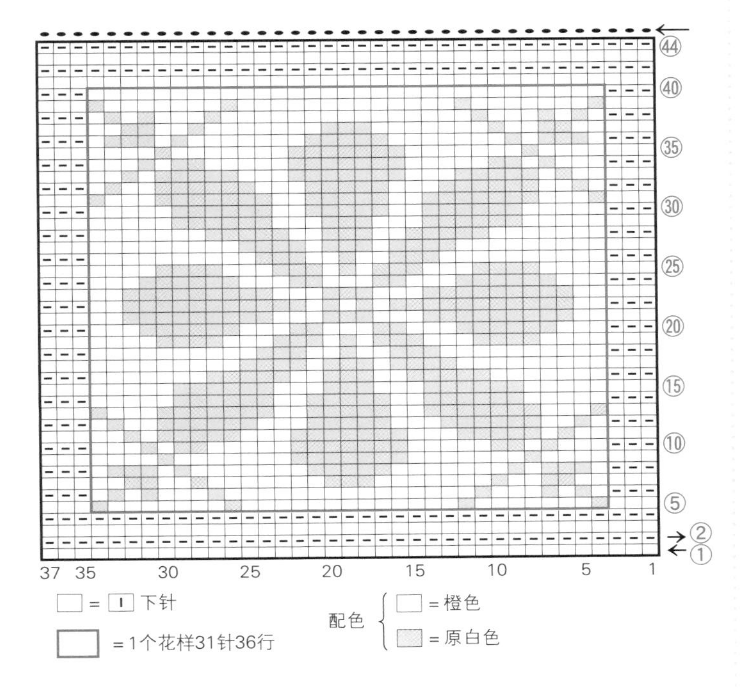

15

尺寸 15cm × 15cm
图片 p.12

线　Olympus　粗毛线 / 原白色…6g，橙色、藏青色…各3g
针　6 号棒针

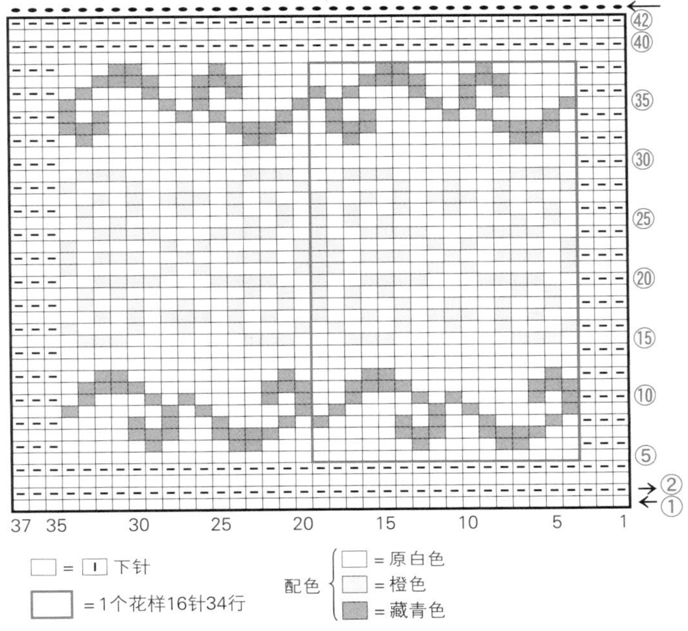

16

尺寸 15cm × 15cm
图片 p.12

线　Olympus　粗毛线 / 原白色…6g，黄绿色、橙色…各3g
针　棒针 6 号

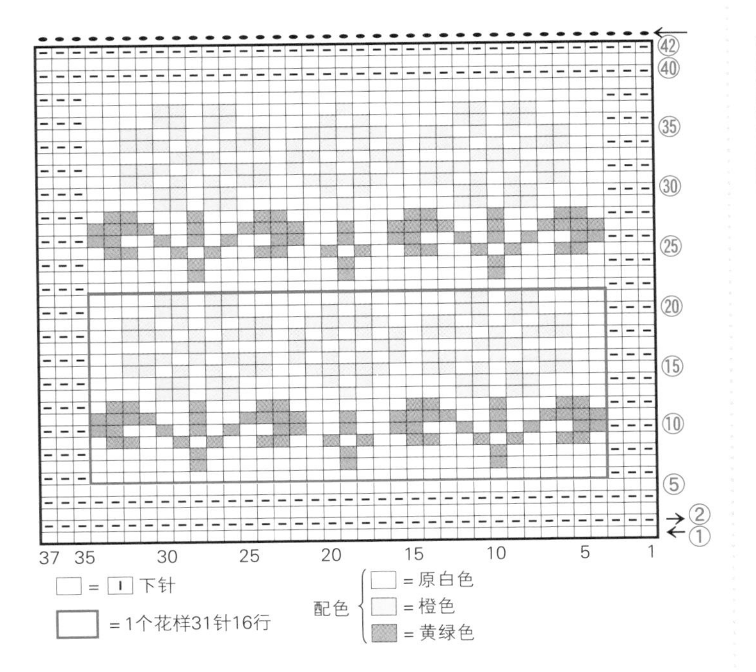

17

尺寸 15cm × 15cm
图片 p.12

线　Olympus　粗毛线 / 藏青色…8g、原白色…5g
针　棒针 6 号

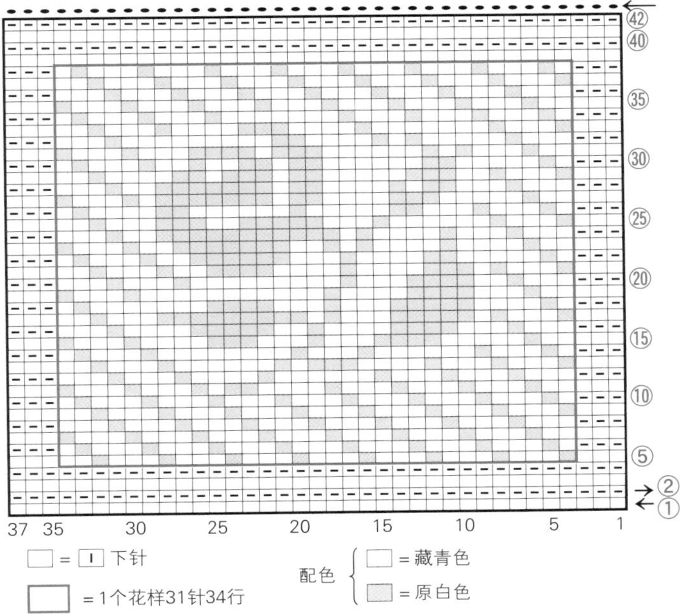

18

线　Olympus　粗毛线 / 黄绿色…6g、原白色…4g
针　棒针 6 号

尺寸 15cm × 15cm
图片 p.13

□ = 丨 下针
▭ = 1个花样31针36行

配色 { □ = 黄绿色
　　　▒ = 原白色

19

线　Olympus　粗毛线 / 原白色…7g、藏青色…4g、黄绿色…1g、橙色…少量
针　棒针 6 号

尺寸 15cm × 15cm
图片 p.13

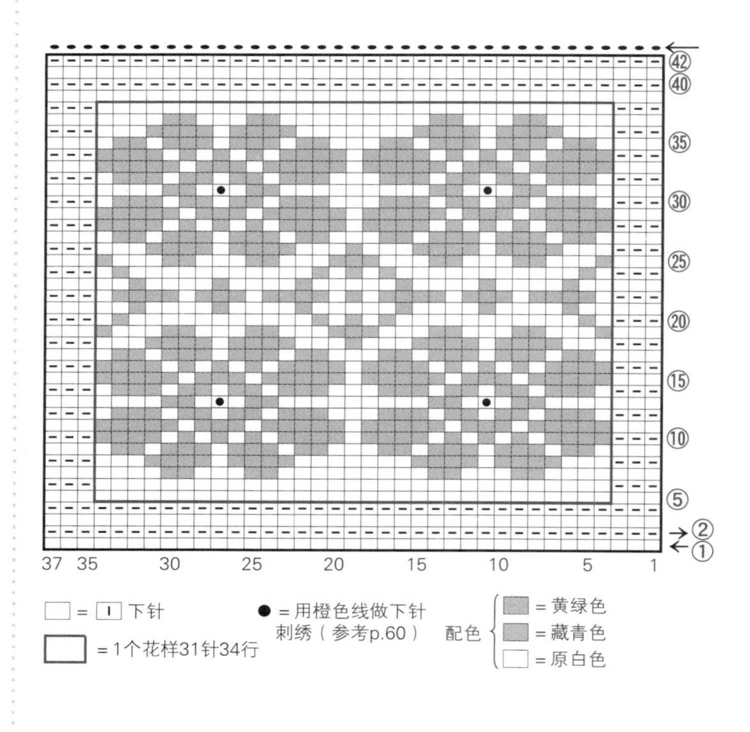

□ = 丨 下针
▭ = 1个花样31针34行

● = 用橙色线做下针刺绣（参考p.60）

配色 { ▒ = 黄绿色
　　　▒ = 藏青色
　　　□ = 原白色

20

线　Olympus　粗毛线 / 原白色…4g，黄绿色、橙色、藏青色…各2g
针　棒针 6 号

尺寸 15cm × 15cm
图片 p.13

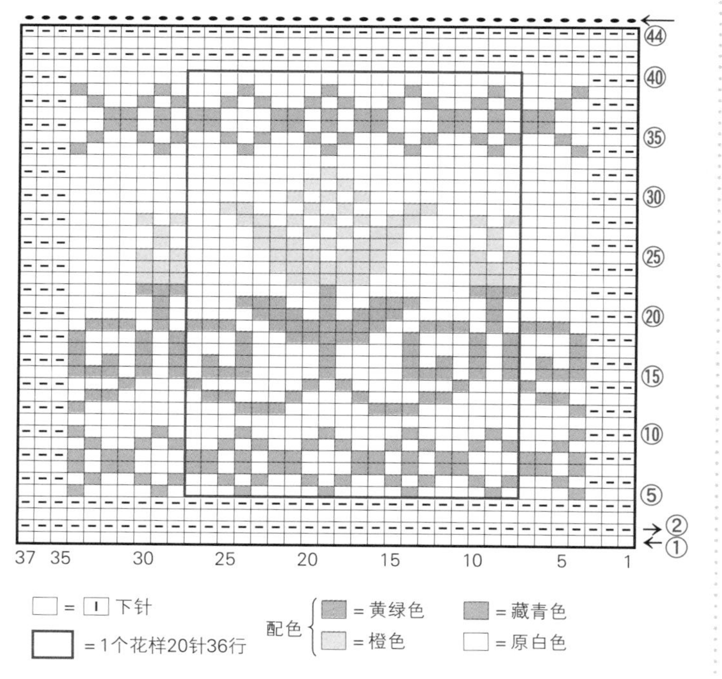

□ = 丨 下针
▭ = 1个花样20针36行

配色 { ▒ = 黄绿色　▒ = 藏青色
　　　▒ = 橙色　□ = 原白色

21

线　Olympus　粗毛线 / 橙色…8g、原白色…4g
针　棒针 6 号

尺寸 15cm × 15cm
图片 p.13

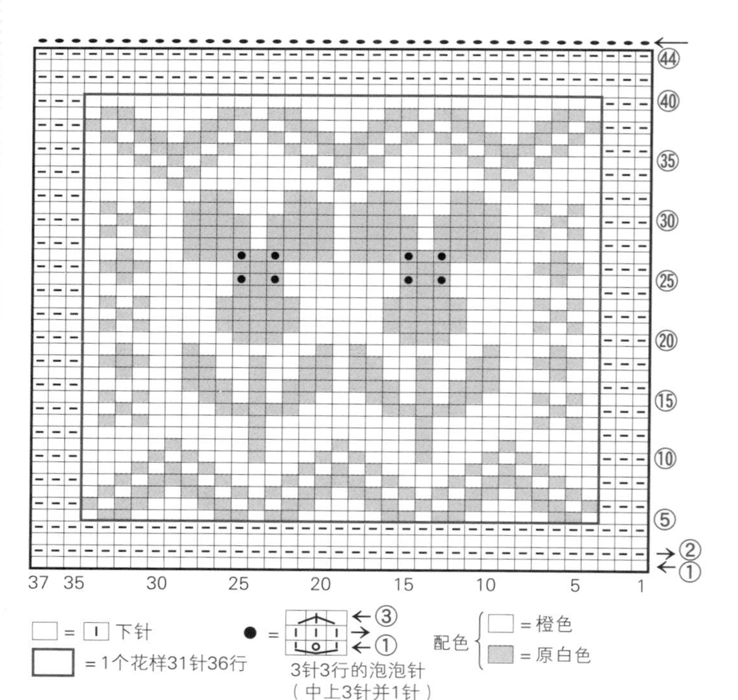

□ = 丨 下针
▭ = 1个花样31针36行

● = 3针3行的泡泡针（中上3针并1针）

配色 { □ = 橙色
　　　▒ = 原白色

22

尺寸 30cm × 30cm
图片 p.14

线 Hamanaka Exceed Wool L（中粗）/ 米色（802）…52g、红色（835）…18g
针 棒针5号

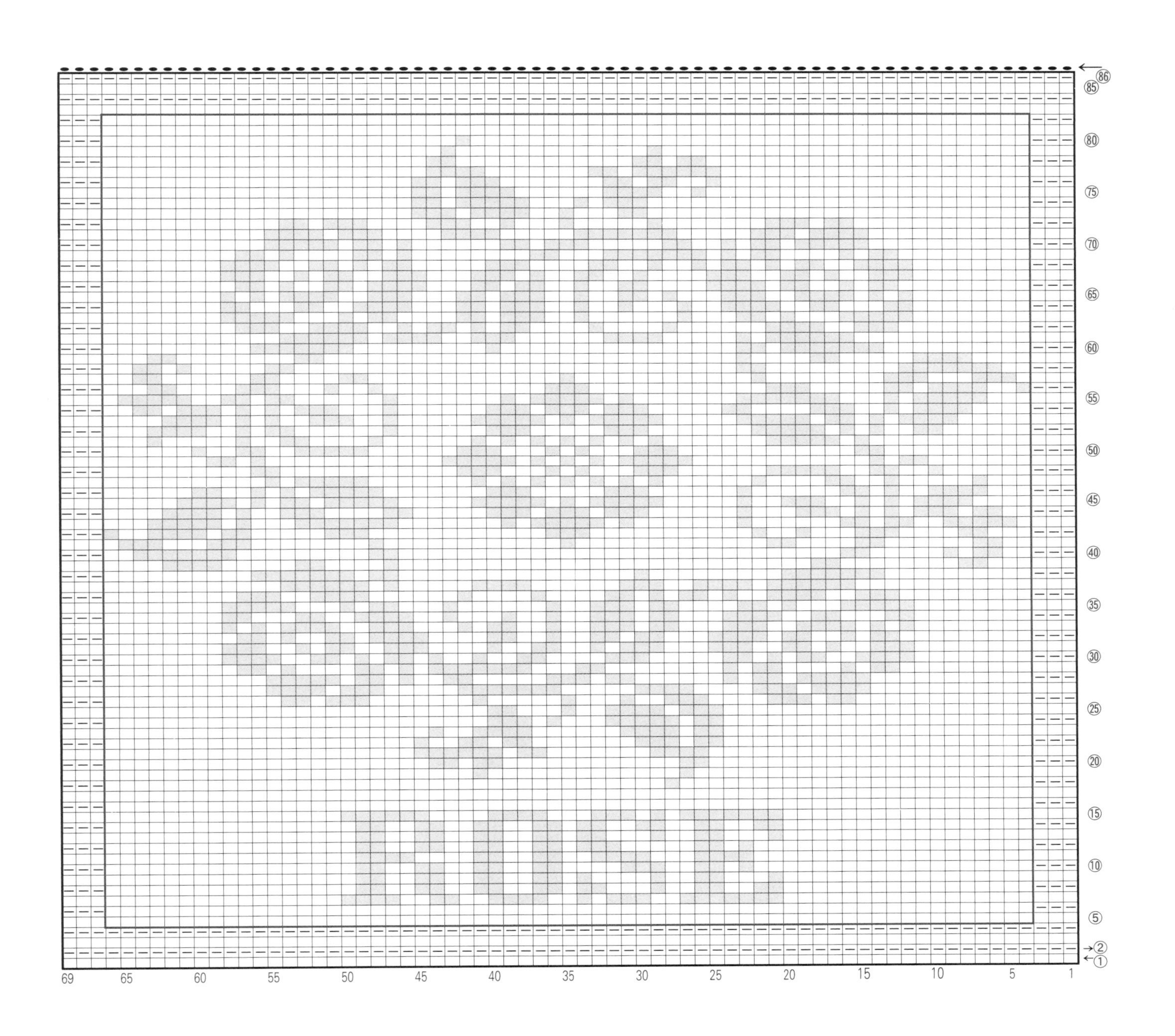

□ = [I] 下针
□ = 1个花样63针78行

配色 {□ = 米色 / ▨ = 红色}

23

尺寸 15cm × 20cm
图片 p.15

线　Hamanaka　Exceed Wool L（中粗）/ 原白色（801）…15g、绿色（※）…10g
※因为是废号色，所以选用喜欢的线替代即可
针　6号棒针

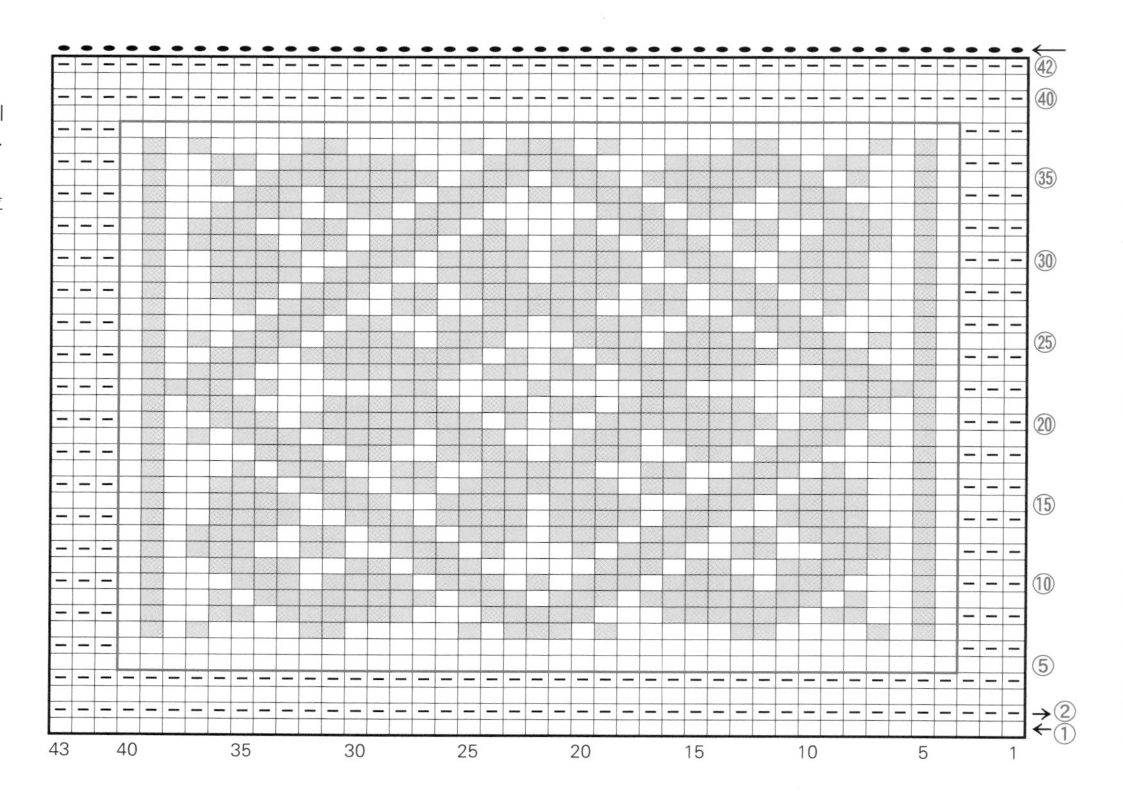

□ = ⏐ 下针
▭ = 1个花样37针34行
配色 { □ = 原白色 ▨ = 绿色

24

尺寸 15cm × 20cm
图片 p.15

线　Hamanaka　Exceed Wool L（中粗）/ 橙色（844）…18g、原白色（801）…7g
针　棒针6号

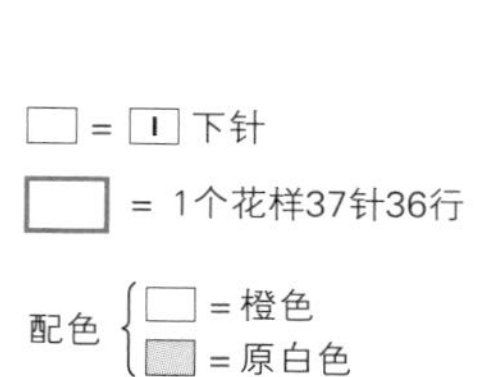

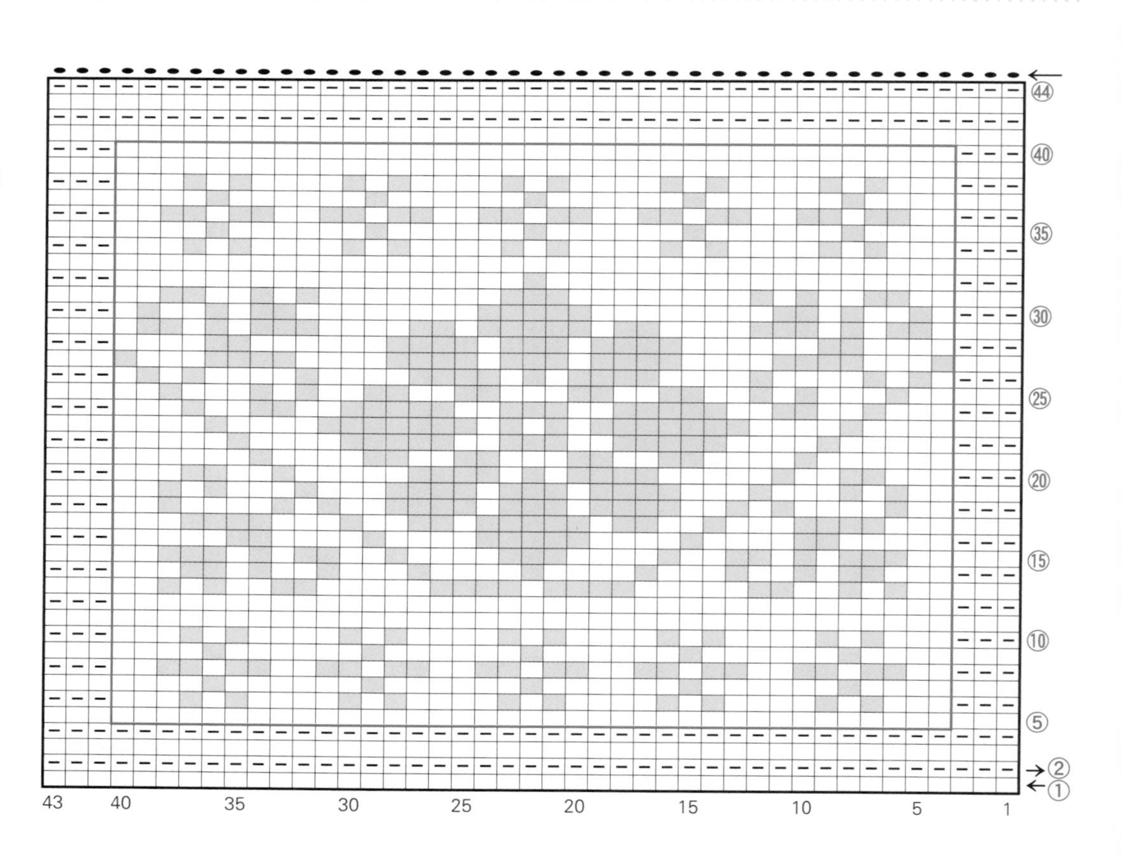

25

尺寸 30cm × 30cm
图片 p.16

线　Puppy　Princess Anny / 绿色（560）…40g、原白色（502）…15g
针　棒针6号

□ = [I] 下针
□ = 1个花样63针78行

配色 { □ = 绿色 / ▒ = 原白色 }

26

尺寸 10cm × 10cm
图片 p.17

线　Puppy Princess Anny / 原白色（502）…4g、浅粉色（527）…3g、粉色（544）…1g
针　5 号棒针

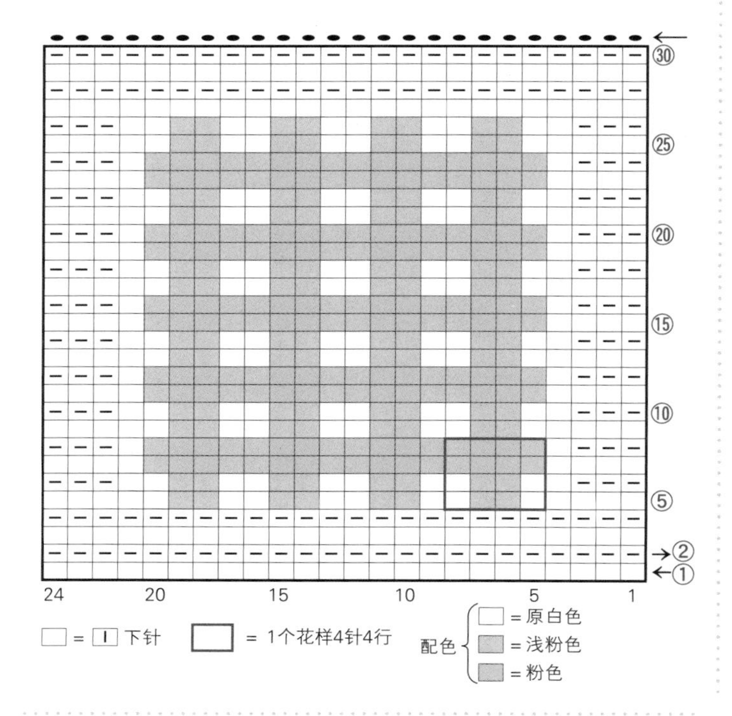

27

尺寸 10cm × 10cm
图片 p.17

线　Puppy Queen Anny / 红色（822）…6g、原白色（802）…2g
针　6 号棒针

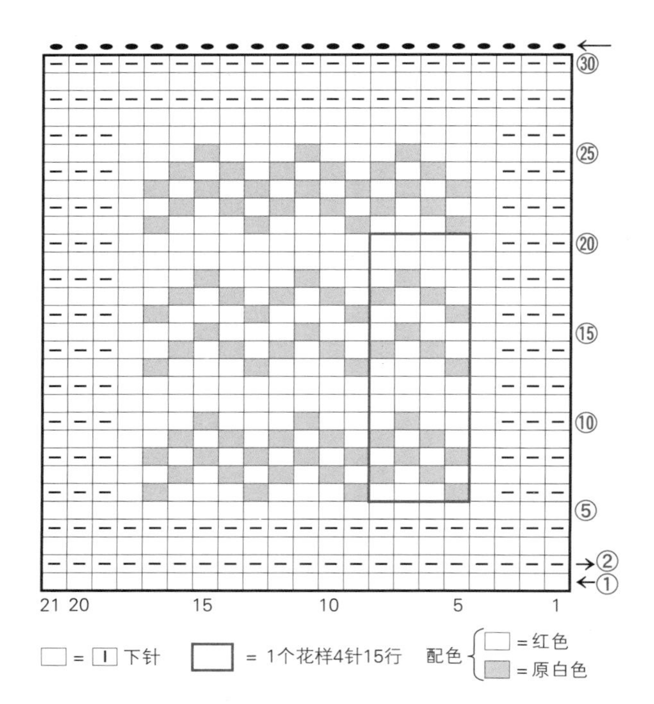

28

尺寸 10cm × 10cm
图片 p.17

线　Puppy Queen Anny / 红色（822）…6g、原白色（802）…1g
针　6 号棒针

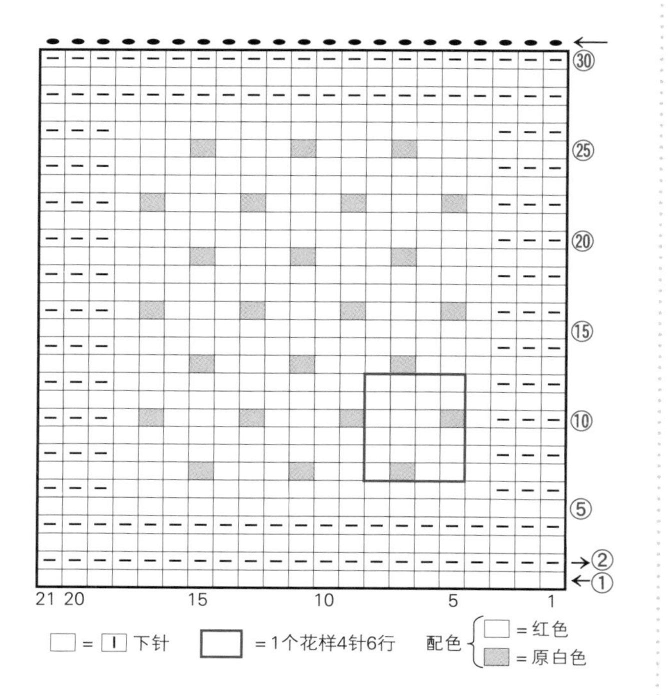

29

尺寸 10cm × 10cm
图片 p.17

线　Puppy Princess Anny / 原白色（502）…5g、深粉色（※）…2g
※因为是废号色，所以选用喜欢的线替代即可
针　5 号棒针

30
25
20
15
10
5
2
1
24
20
15
10
5
1

= 丨 下针
= 1个花样9针15行
配色
= 原白色
= 深粉色

30

尺寸 15cm × 15cm
图片 p.18

线 Rich More Percent / 米色（105）…8g、柿子色（118）…3g
针 5号棒针

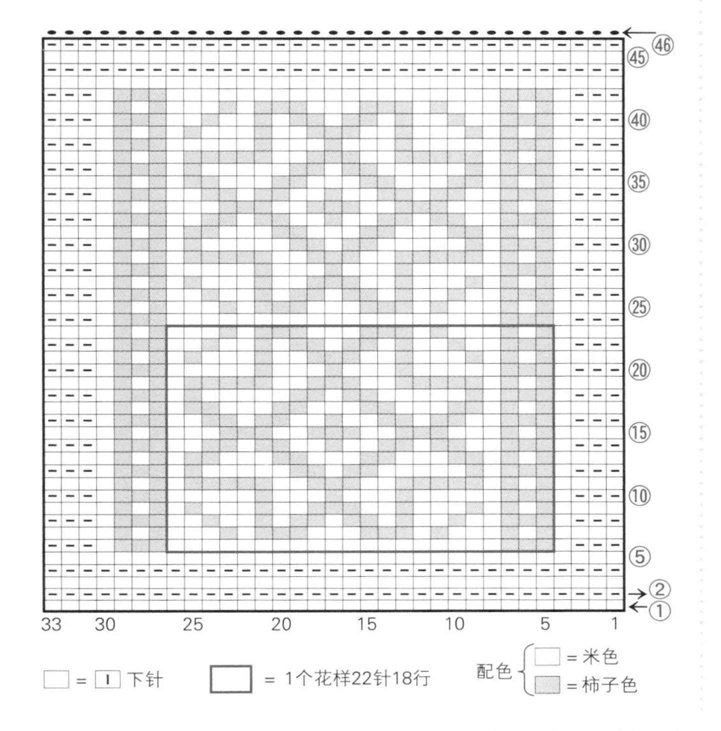

31

尺寸 15cm × 15cm
图片 p.18

线 Rich More Percent / 米色（105）…9g、暗蓝色（25）…4g
针 5号棒针

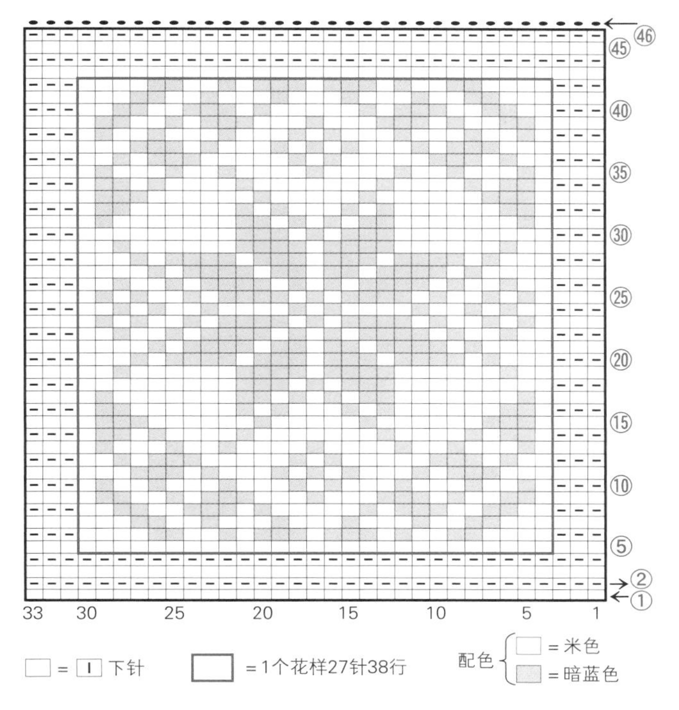

32

尺寸 15cm × 15cm
图片 p.18

线 Rich More Percent / 橙色（86）…9g、米色（105）…3g
针 5号棒针

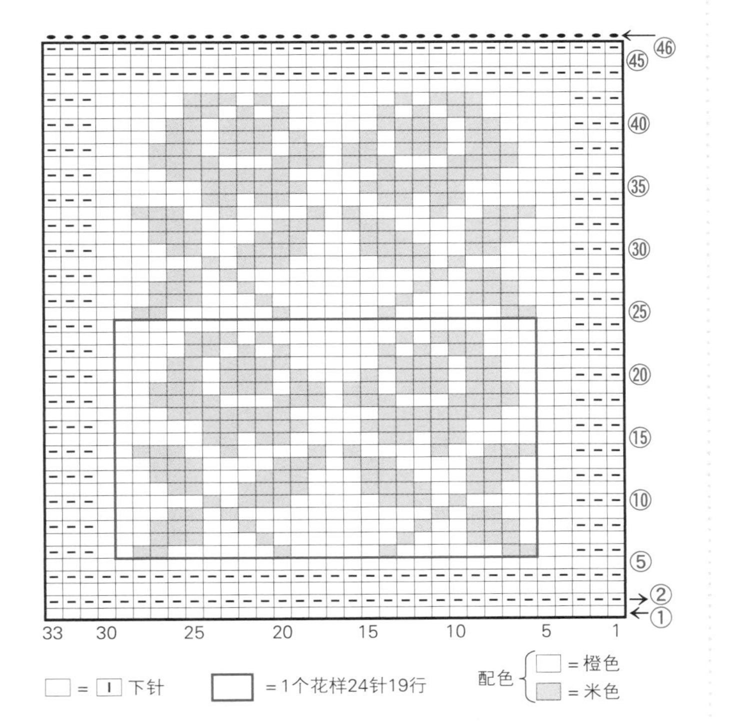

33

尺寸 15cm × 15cm
图片 p.18

线 Rich More Percent / 抹茶色（13）…9g、米色（105）…2g
针 5号棒针

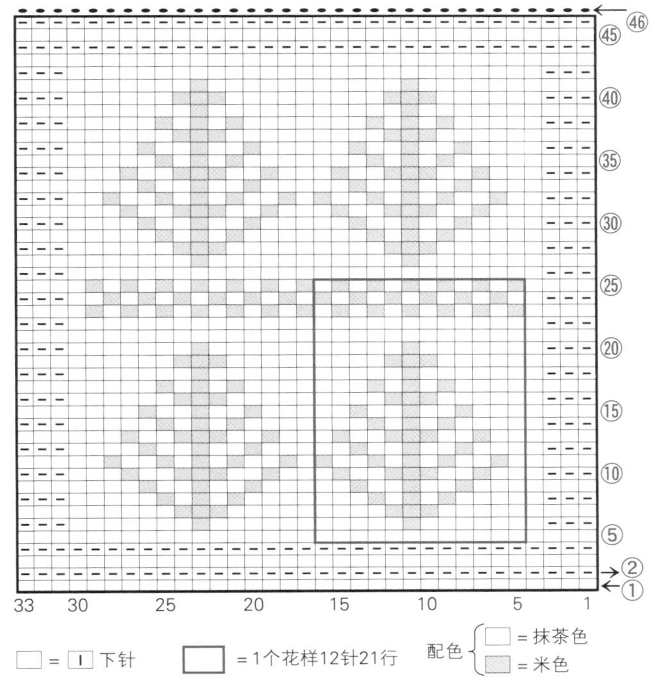

34

尺寸 30cm × 30cm
图片 p.19

线 Hamanaka Amerry／墨蓝色（16）…22g、自然白色（20）…21g
针 棒针6号

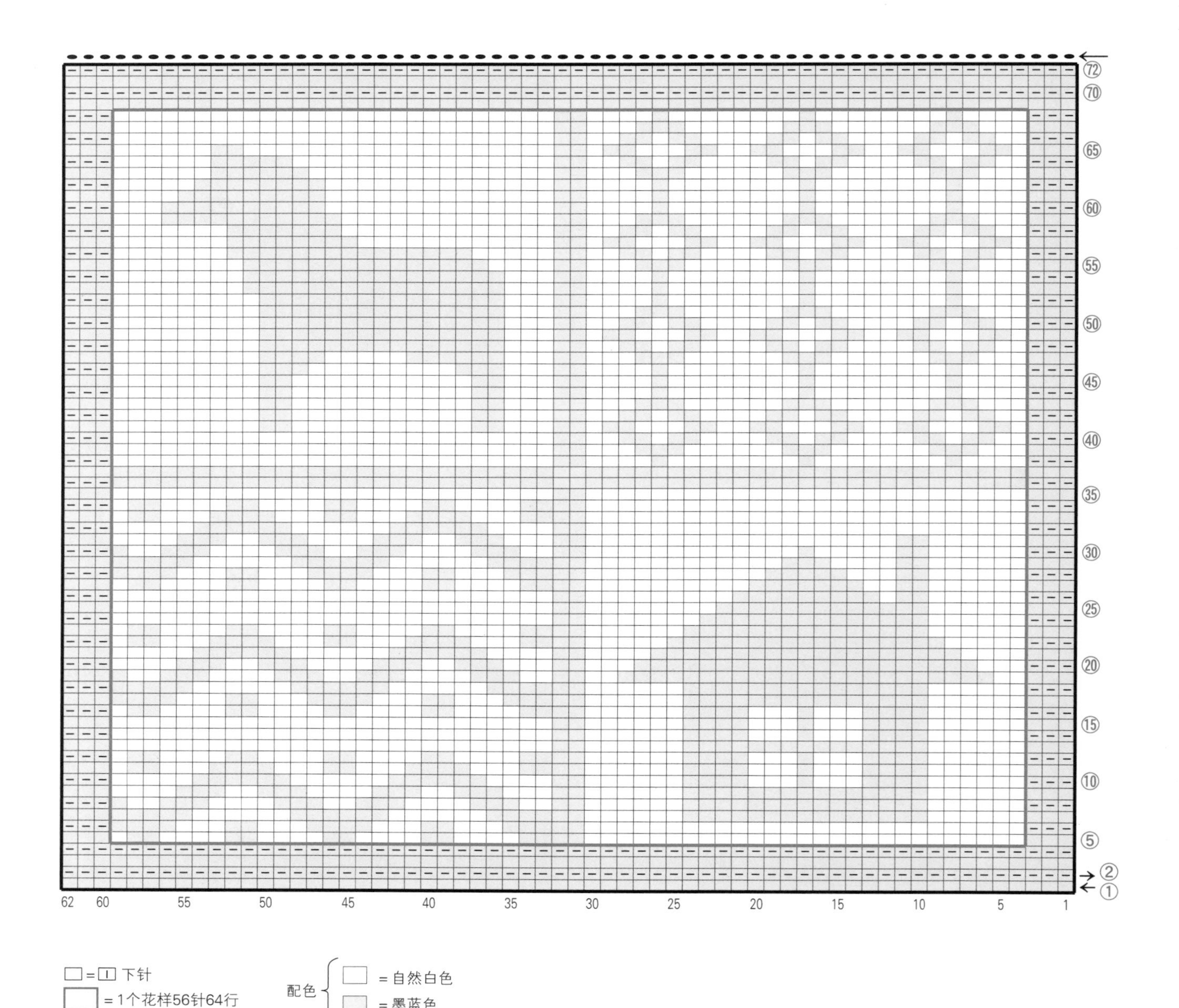

□=▯ 下针
□ =1个花样56针64行

配色 { □ =自然白色 / □ =墨蓝色

35

线　Olympus 粗毛线 / 原白色…10g、绿色…3g
针　6 号棒针
尺寸 15cm × 15cm
图片 p.20

□ = Ⅰ 下针
□ = 1个花样33针38行

配色 { □ = 原白色　▨ = 绿色 }

36

线　Olympus 粗毛线 / 原白色…13g、红色…3g
针　6 号棒针
尺寸 15cm × 15cm
图片 p.20

□ = Ⅰ 下针
□ = 1个花样33针38行

配色 { □ = 原白色　▨ = 红色 }

37

线　Olympus 粗毛线 / 红色…9g、原白色…2g
针　6 号棒针
尺寸 15cm × 15cm
图片 p.20

□ = Ⅰ 下针
□ = 1个花样33针38行

配色 { □ = 红色　▨ = 原白色 }

38

线　Olympus 粗毛线 / 绿色…9g、原白色…2g
针　6 号棒针
尺寸 15cm × 15cm
图片 p.20

□ = Ⅰ 下针
□ = 1个花样33针38行

配色 { □ = 绿色　▨ = 原白色 }

39

尺寸 15cm × 15cm
图片 p.21

线 Olympus 粗毛线 / 原白色…10g、褐色…3g
针 6 号棒针

□ = Ⅰ 下针
▭ = 1个花样33针38行

配色 { □ = 原白色 ; ■ = 褐色 }

40

尺寸 15cm × 15cm
图片 p.21

线 Olympus 粗毛线 / 原白色…9g、藏青色…4g
针 6 号棒针

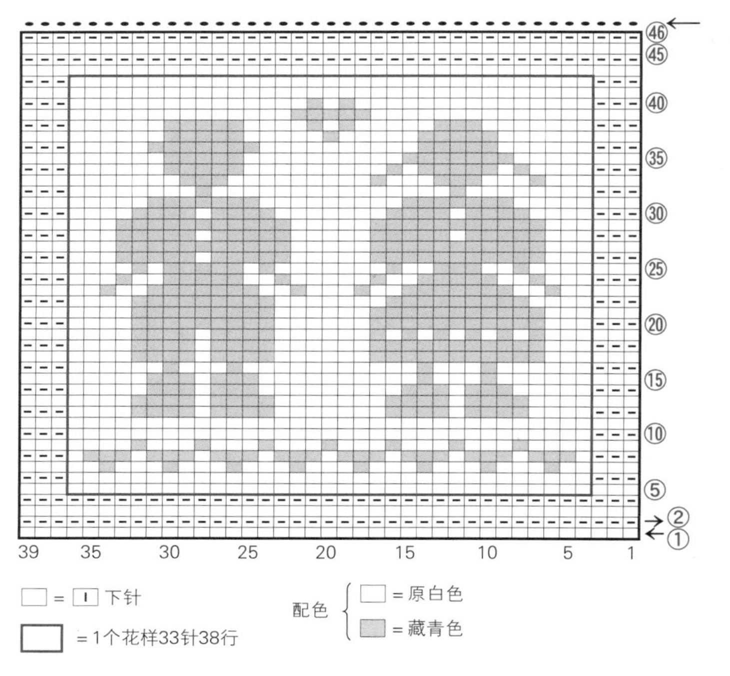

□ = Ⅰ 下针
▭ = 1个花样33针38行

配色 { □ = 原白色 ; ■ = 藏青色 }

41

尺寸 15cm × 15cm
图片 p.21

线 Olympus 粗毛线 / 藏青色…9g、原白色…3g
针 6 号棒针

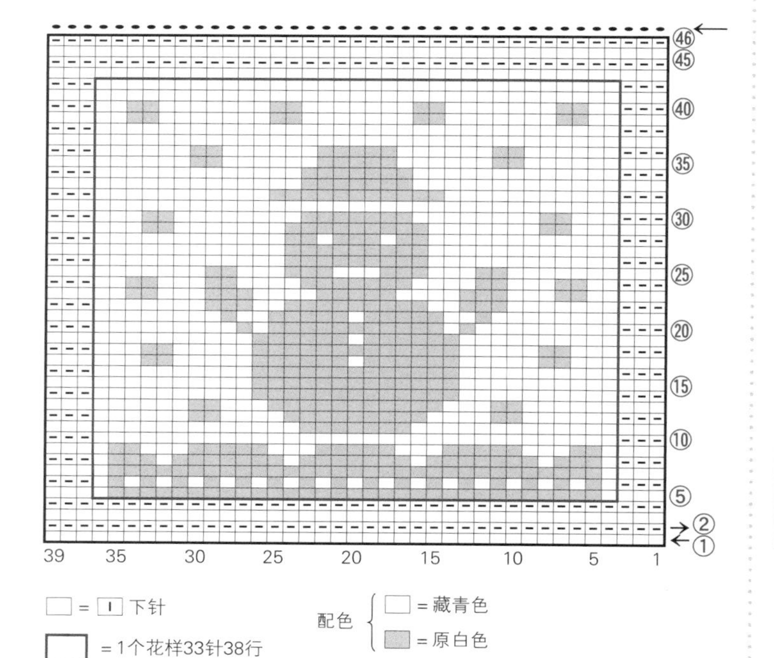

□ = Ⅰ 下针
▭ = 1个花样33针38行

配色 { □ = 藏青色 ; ■ = 原白色 }

42

尺寸 15cm × 15cm
图片 p.21

线 Olympus 粗毛线 / 褐色…10g、原白色…3g
针 6 号棒针

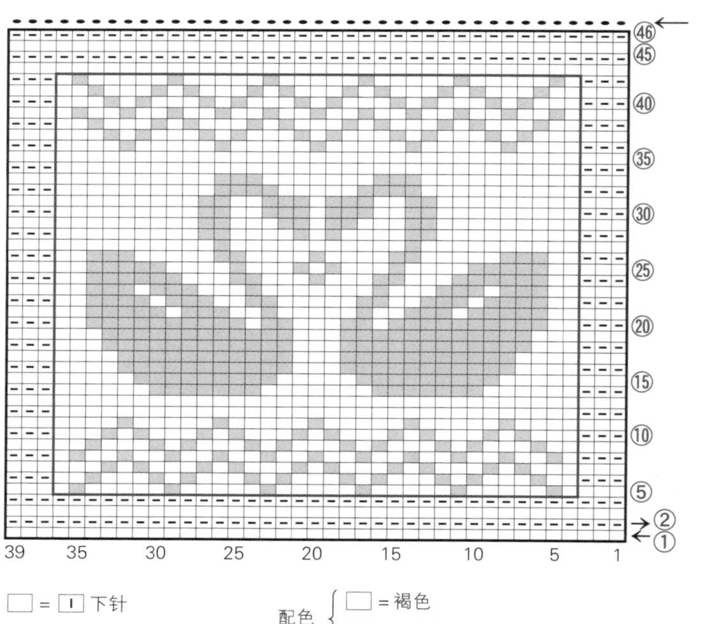

□ = Ⅰ 下针
▭ = 1个花样33针38行

配色 { □ = 褐色 ; ■ = 原白色 }

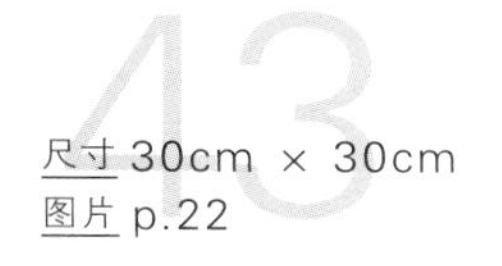

尺寸 30cm × 30cm
图片 p.22

线　Rich More Percent / 灰色（※）…32g、白色（95）…9g、紫红色（63）…1g
※因为是废号色，所以选用喜欢的线替代即可
针　5号棒针

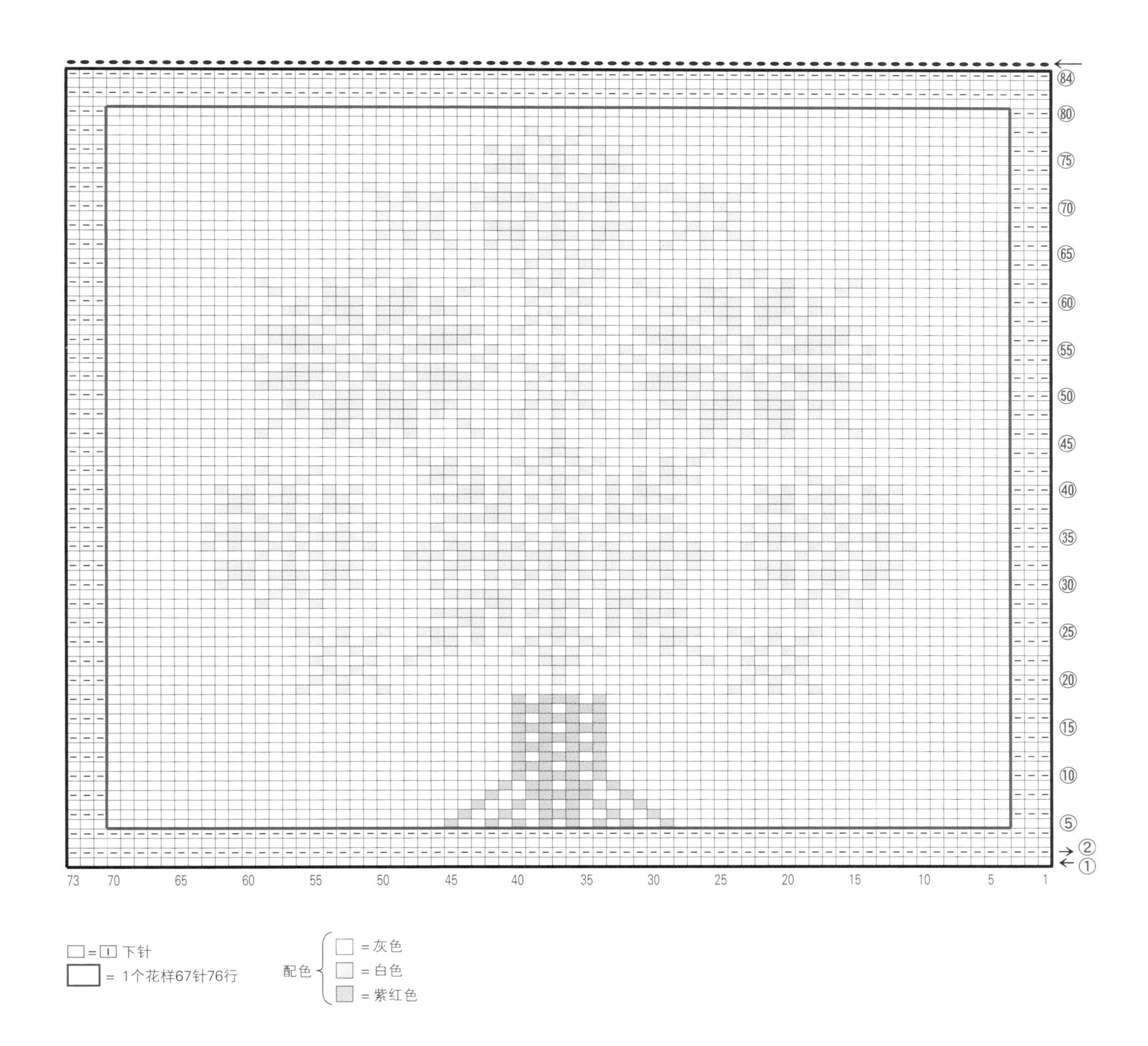

44

尺寸 15cm × 20cm
图片 p.23

线 Rich More Percent / 抹茶色（13）…12g、原白色（1）…3g
针 6号棒针

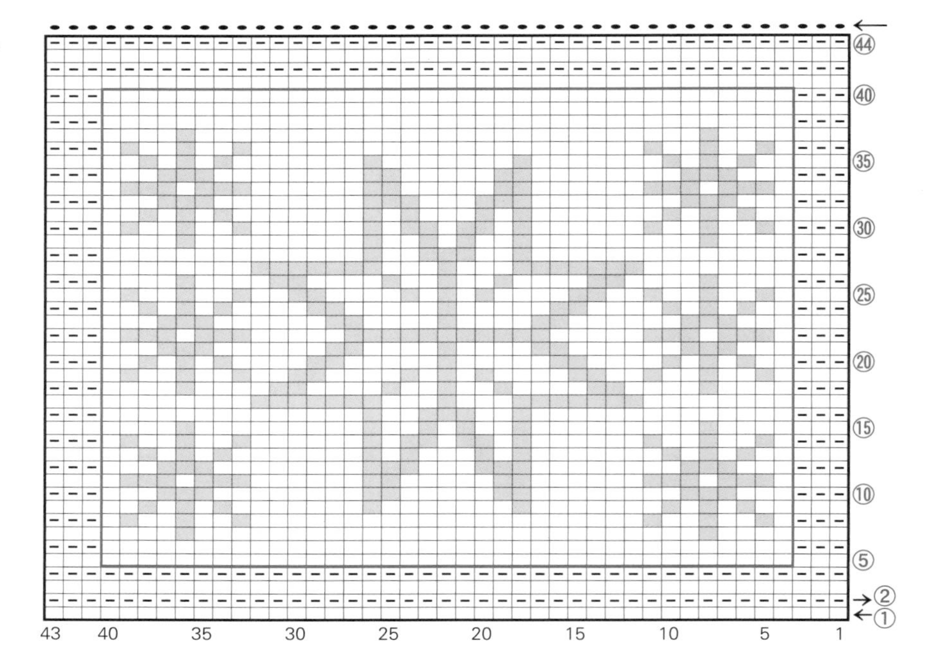

□ = Ｉ 下针
□ = 1个花样37针36行

配色 { □ = 抹茶色 / ■ = 原白色

45

尺寸 15cm × 20cm
图片 p.23

线 Rich More Percent / 原白色（1）…16g、苔藓绿色（104）…4g
针 6号棒针

毛线球的制作方法 原白色 4个

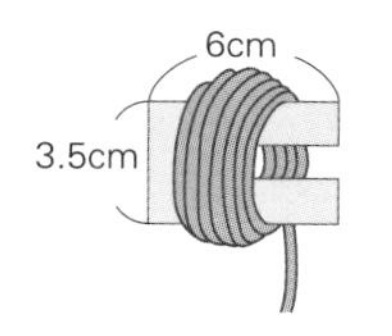

1. 参考图片尺寸，准备厚卡纸，用原白色的线绕50次

2. 在中间牢固地打结固定

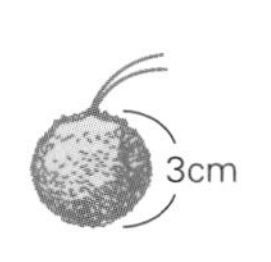

3. 取出厚卡纸，剪开两端的线圈，修剪成球形

4. 用在步骤2中打结后的线头，将毛线球缝在指定的4个位置

□ = Ｉ 下针　□ = 1个花样37针36行　● = 缝合毛线球位置

配色 { □ = 原白色 / ■ = 苔藓绿色

46

尺寸 15cm × 20cm
图片 p.24

线　Rich More Percent / 褐色（※）…11g、原白色（1）…4g
※因为是废号色，所以选用喜欢的线替代即可
针　6号棒针

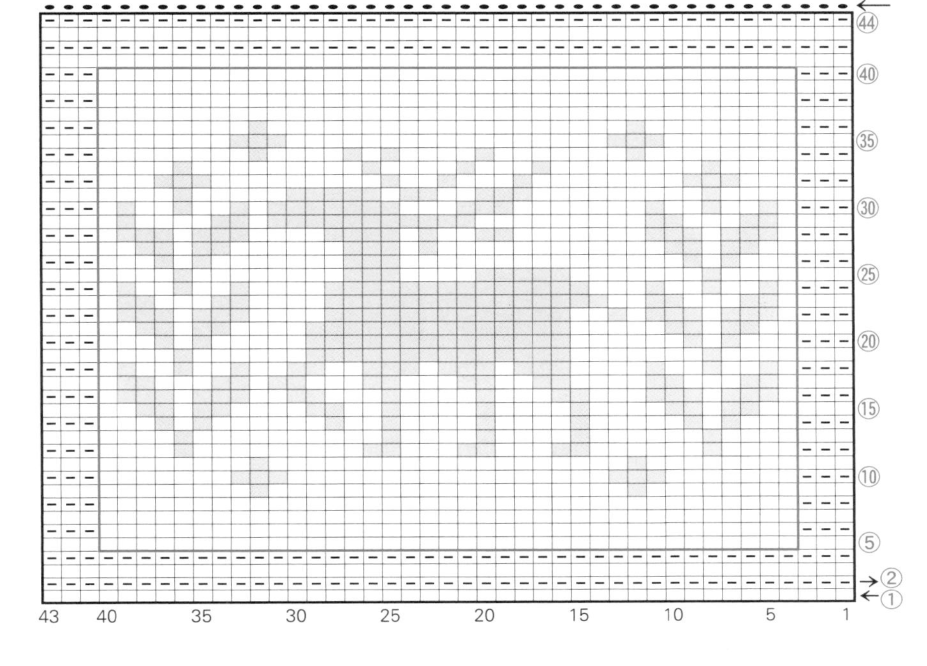

□ = ｜ 下针

□ = 1个花样37针36行

配色 □ = 褐色
配色 □ = 原白色

47

尺寸 15cm × 20cm
图片 p.24

线　Rich More Percent / 原白色（1）…12g、褐色（※）…7g
※因为是废号色，所以选用喜欢的线替代即可
针　6号棒针

流苏的制作方法　　褐色　4个

7cm
3cm
7cm
3cm
★

1. 参考图片尺寸，准备厚卡纸

★

2. 用褐色线在厚卡纸上绕15次，在★处牢固地打结固定

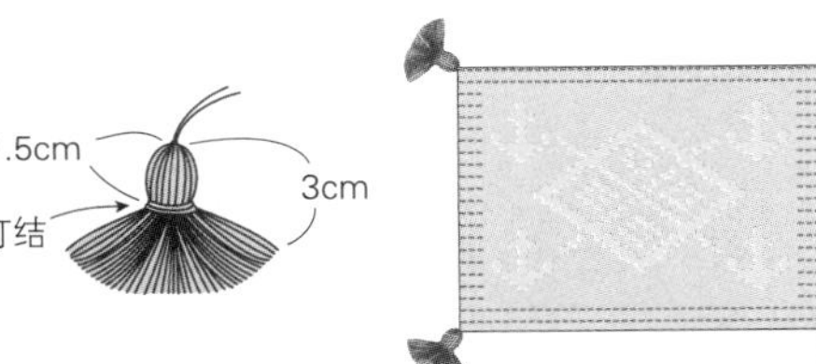

3. 摘下厚卡纸，剪开外侧的线圈，在距上端1.5cm的位置打结。修剪线头，调整形状

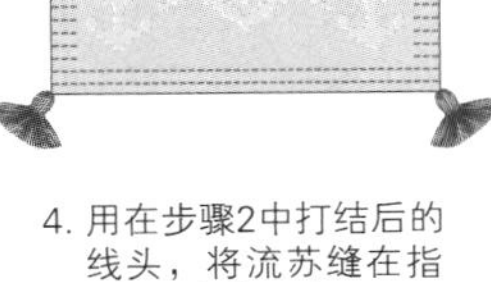

4. 用在步骤2中打结后的线头，将流苏缝在指定的4个位置上

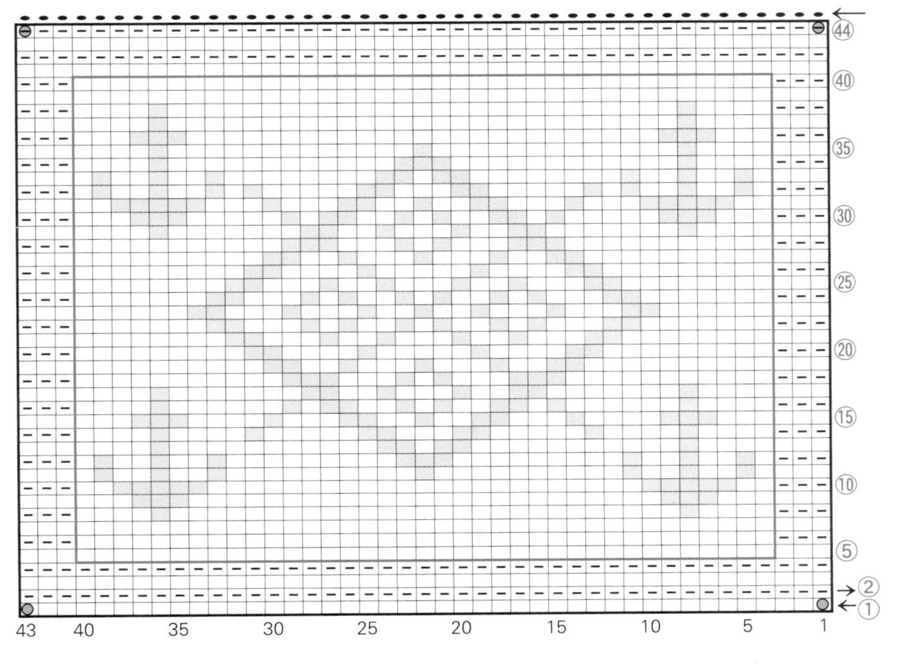

□ = ｜ 下针　□ = 1个花样37针36行　● = 缝合流苏位置

配色 □ = 原白色
配色 □ = 褐色

48

尺寸 15cm × 15cm
图片 p.25

线 Puppy Queen Anny／原白色（802）…12g，水蓝色（962）、蓝色（965）…各2g
针 6号棒针

□ = Ⅰ 下针　▭ = 1个花样8针10行

配色：□ = 原白色；▨ = 水蓝色；▨ = 蓝色

49

尺寸 15cm × 15cm
图片 p.25

线 Puppy Queen Anny／蓝紫色（※）…12g、原白色（802）…5g
※因为是废号色，所以选用喜欢的线替代即可
针 6号棒针

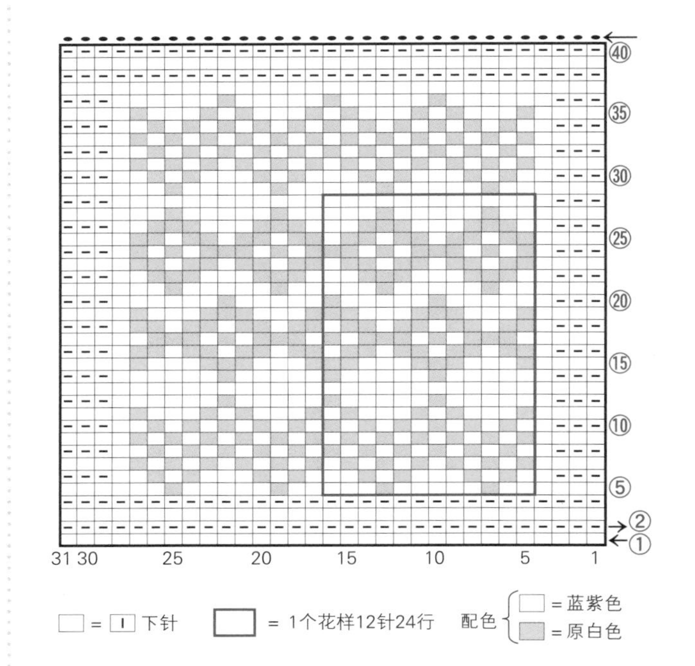

□ = Ⅰ 下针　▭ = 1个花样12针24行

配色：□ = 蓝紫色；▨ = 原白色

50

尺寸 15cm × 15cm
图片 p.25

线 Puppy Queen Anny／蓝色（965）…12g、原白色（802）…5g
针 6号棒针

□ = Ⅰ 下针　▭ = 1个花样25针32行

配色：□ = 蓝色；▨ = 原白色

51

尺寸 15cm × 15cm
图片 p.25

线 Puppy Queen Anny／原白色（802）…11g、蓝紫色（※）…6g
※因为是废号色，所以选用喜欢的线替代即可
针 6号棒针

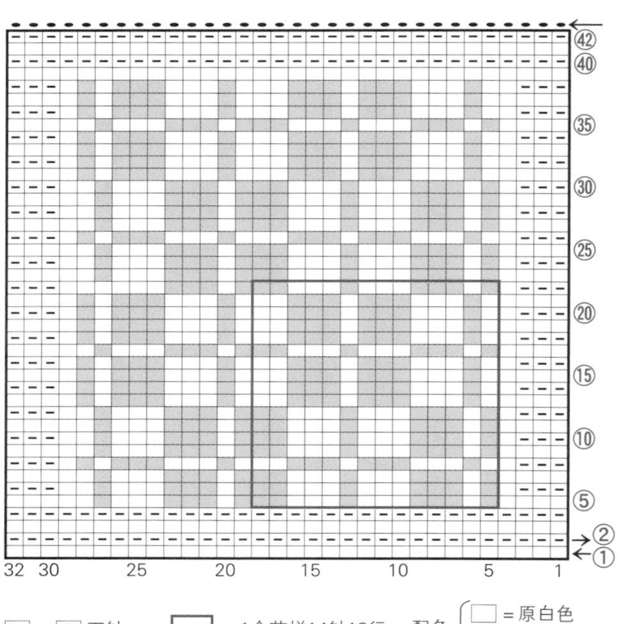

□ = Ⅰ 下针　▭ = 1个花样14针18行

配色：□ = 原白色；▨ = 蓝紫色

52

尺寸 30cm × 30cm
图片 p.26

线　Rich More Percent / 原白色（1）…30g，红色（74）…10g，嫩绿色（14）、暗蓝色（25）、深绿色（29）…各3g
针　5号棒针

53

尺寸 30cm × 30cm
图片 p.27

线 Olympus 粗毛线／绿色…37g、原白色…13g、芥末黄色…1g
针 5号棒针

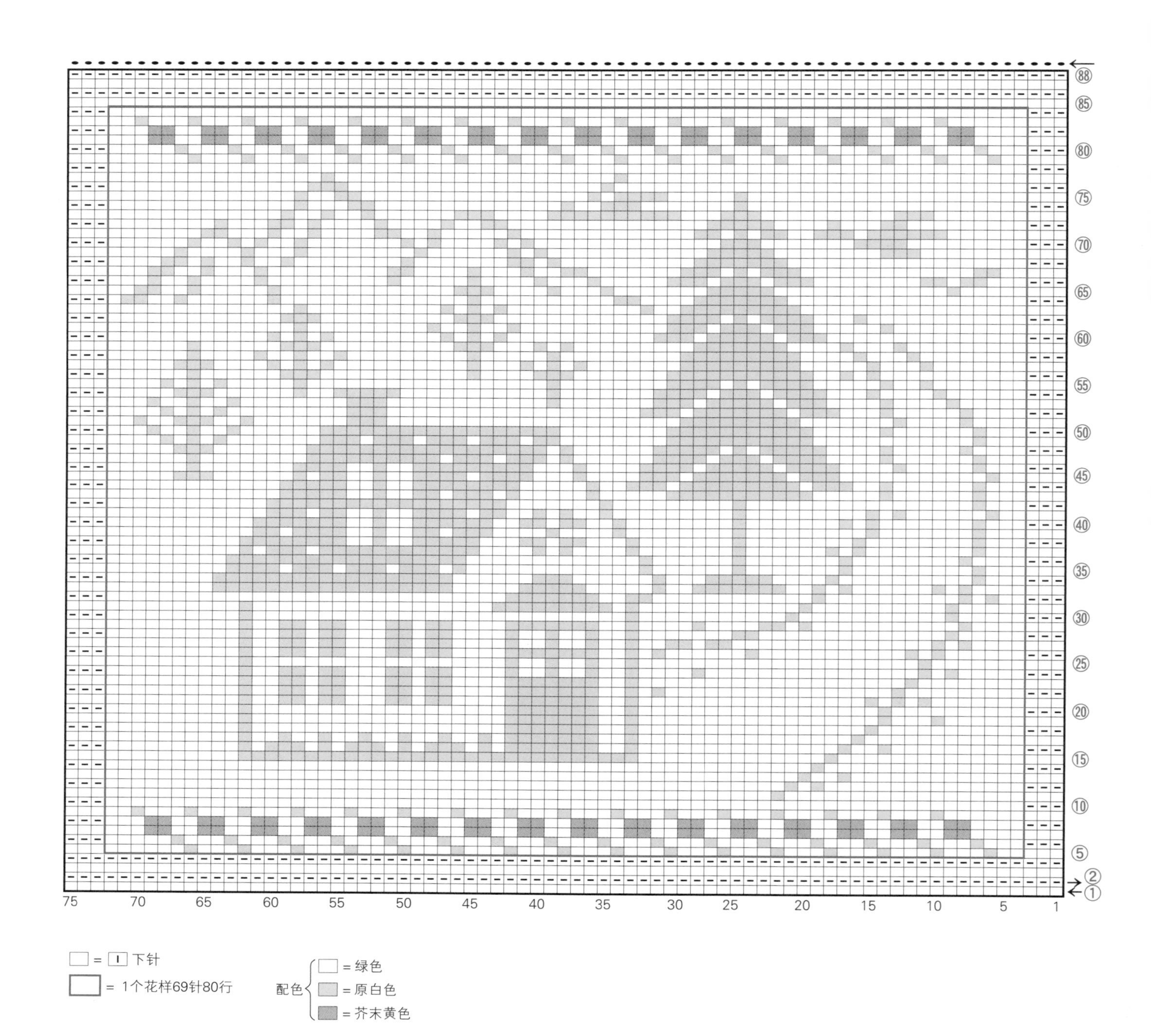

54

尺寸 30cm × 30cm
图片 p.28

线　Rich More Percent / 酒红色（64）…30g、白色（※）…17g
※因为是废号色，所以选用喜欢的线替代即可
针　5号棒针

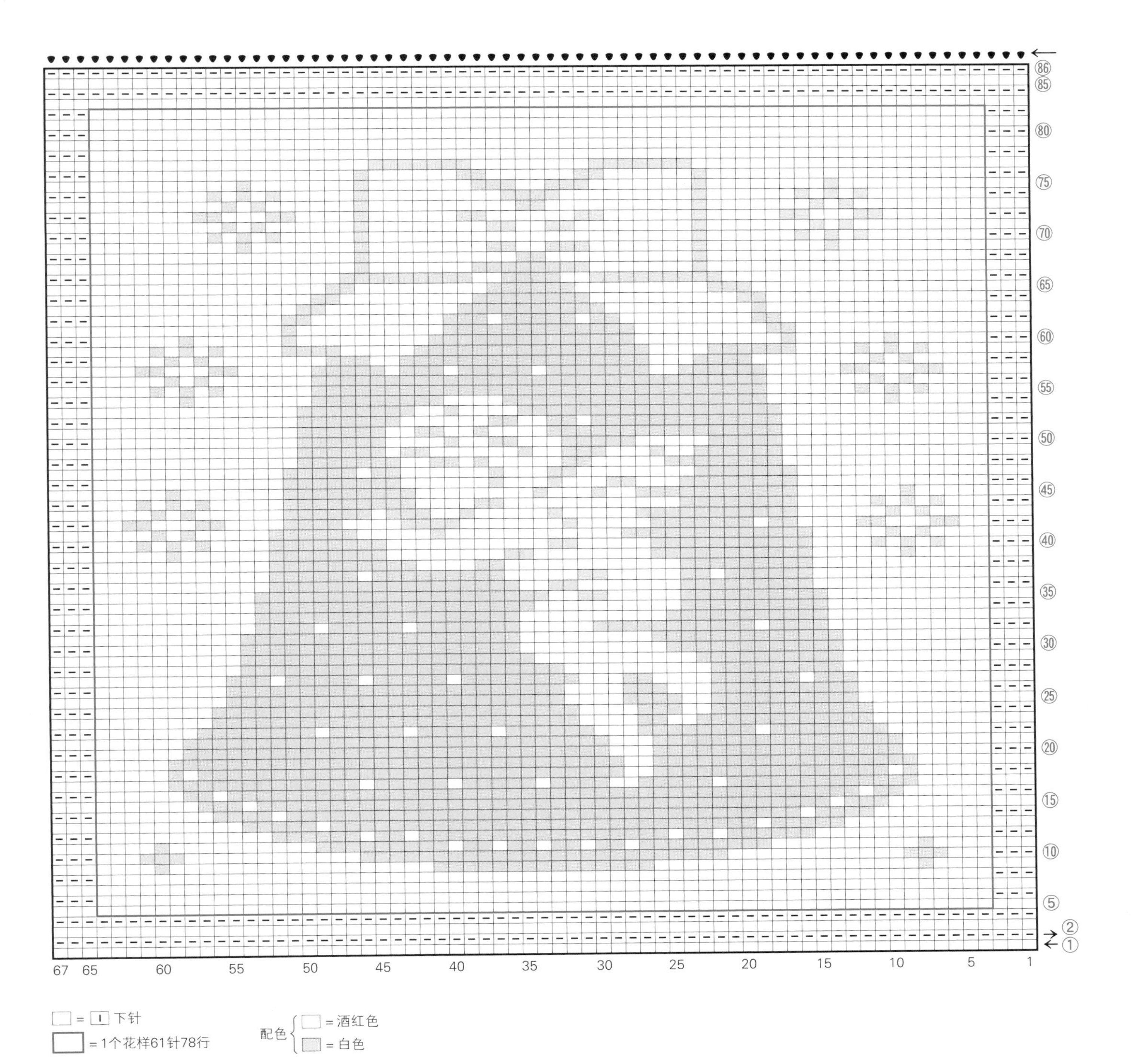

尺寸 30cm × 30cm
图片 p.29

线　Olympus 粗毛线 / 原白色…34g，绿色…6g，芥末黄色、红色、鲑鱼粉色…各2g
针　7号棒针

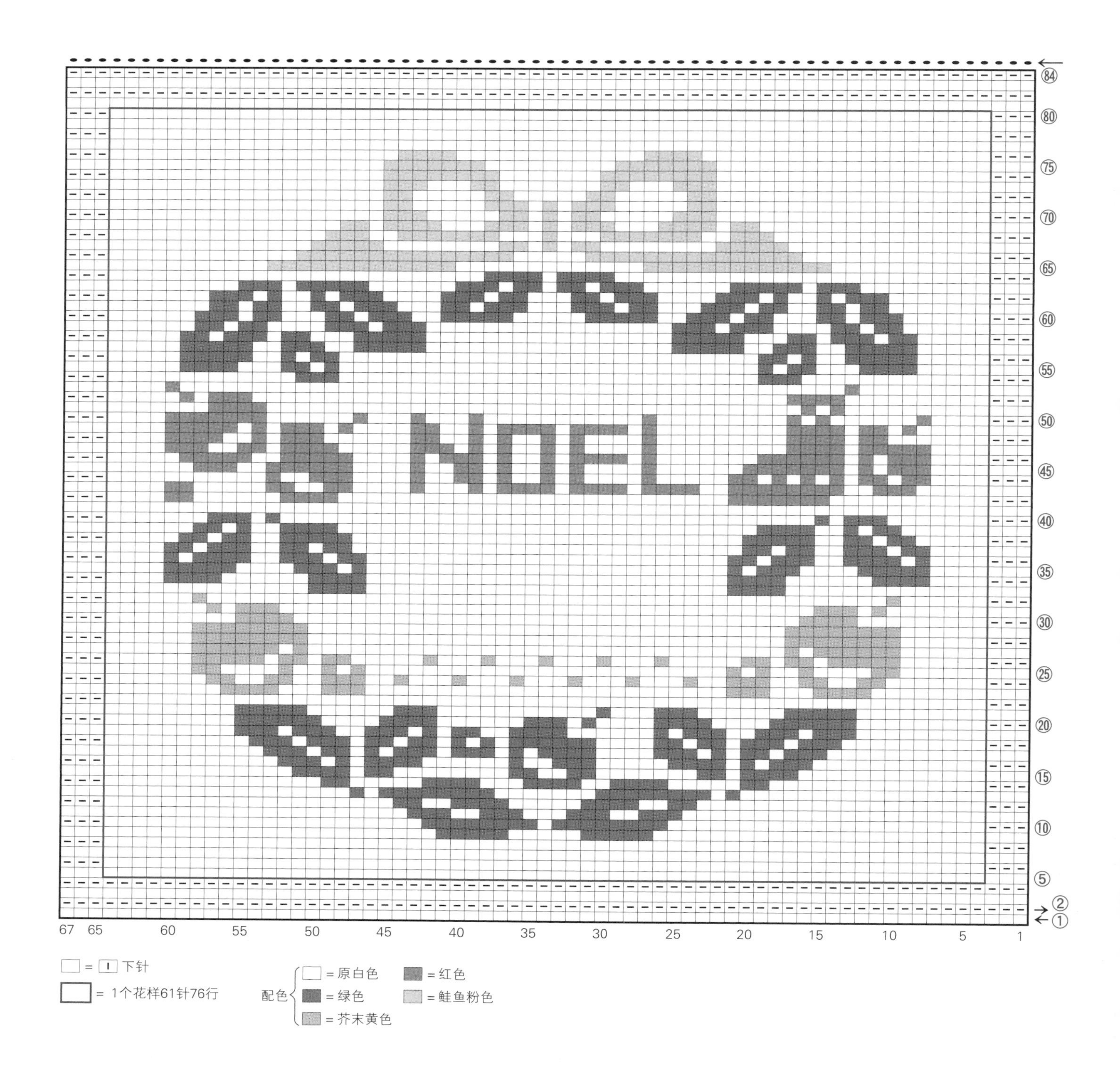

56

尺寸 30cm × 30cm
图片 p.30

线　Olympus　粗毛线 / 红色…31g、原白色…21g
针　5号棒针

57

尺寸 30cm × 30cm
图片 p.31

线 Olympus 粗毛线 / 绿色…35g、原白色…15g
针 6号棒针

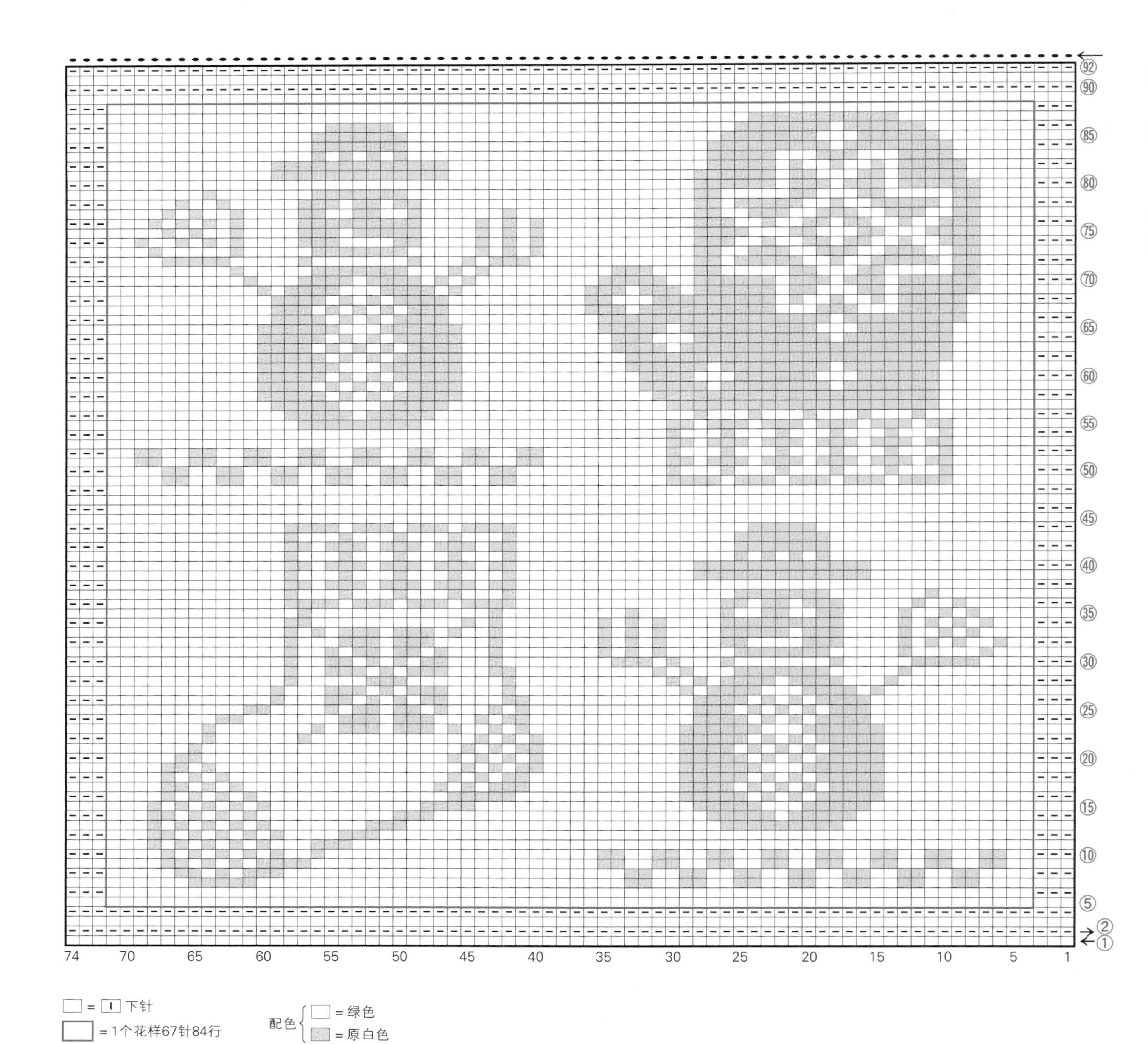

58

尺寸 15cm × 20cm
图片 p.32

线　Rich More Percent / 粉紫色（66）…6g，酒红色（64）、灰粉色（65）、浅紫粉色（68）…各3g，浅灰色（※）…2g，水蓝色（39）、紫红色（63）…各1g
※因为是废号色，所以选用喜欢的线替代即可
针　5号棒针

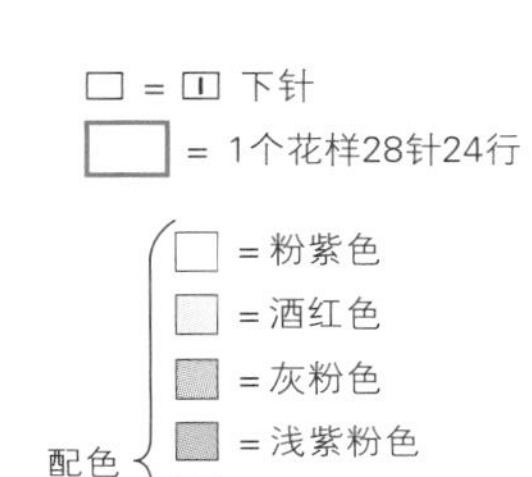

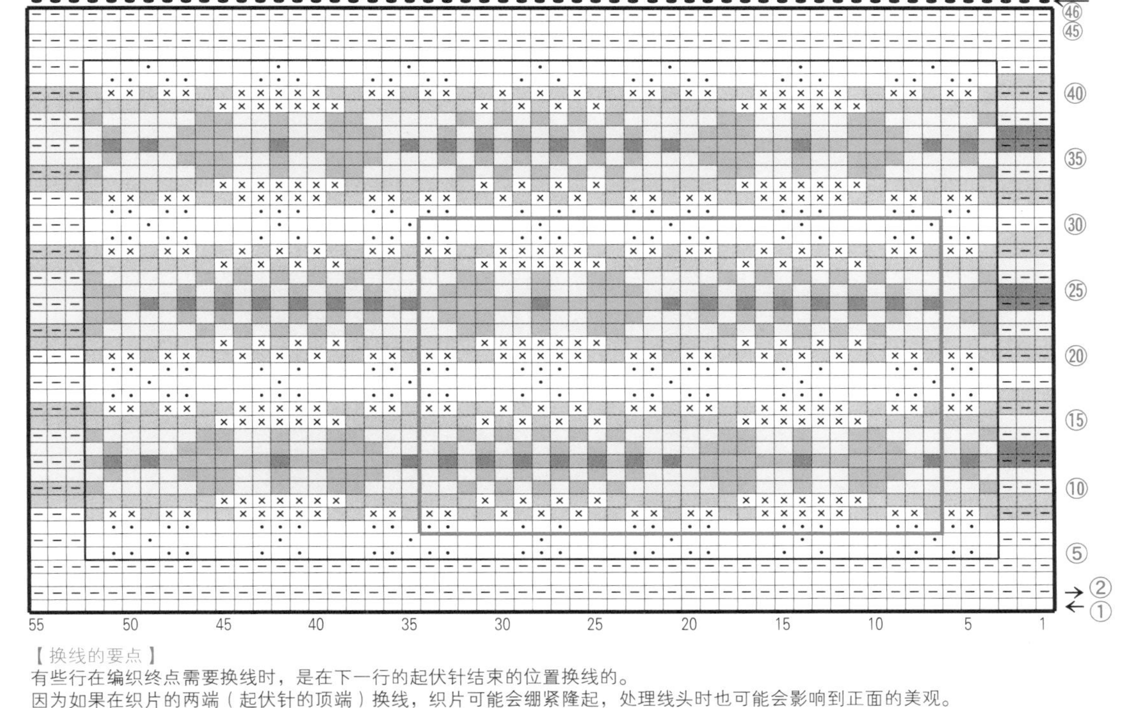

【换线的要点】
有些行在编织终点需要换线时，是在下一行的起伏针结束的位置换线的。
因为如果在织片的两端（起伏针的顶端）换线，织片可能会绷紧隆起，处理线头时也可能会影响到正面的美观。
基本上，在下一行起伏针结束的位置换线就能轻松处理线头了。

59

尺寸 15cm × 20cm
图片 p.32

线　Rich More Percent / 深绿色（29）…6g，浅黄色（3）、嫩绿色（14）…各3g，橄榄绿色（11）、黄绿色（33）、肤色（81）…各2g，柿子色（118）…1g
针　5号棒针

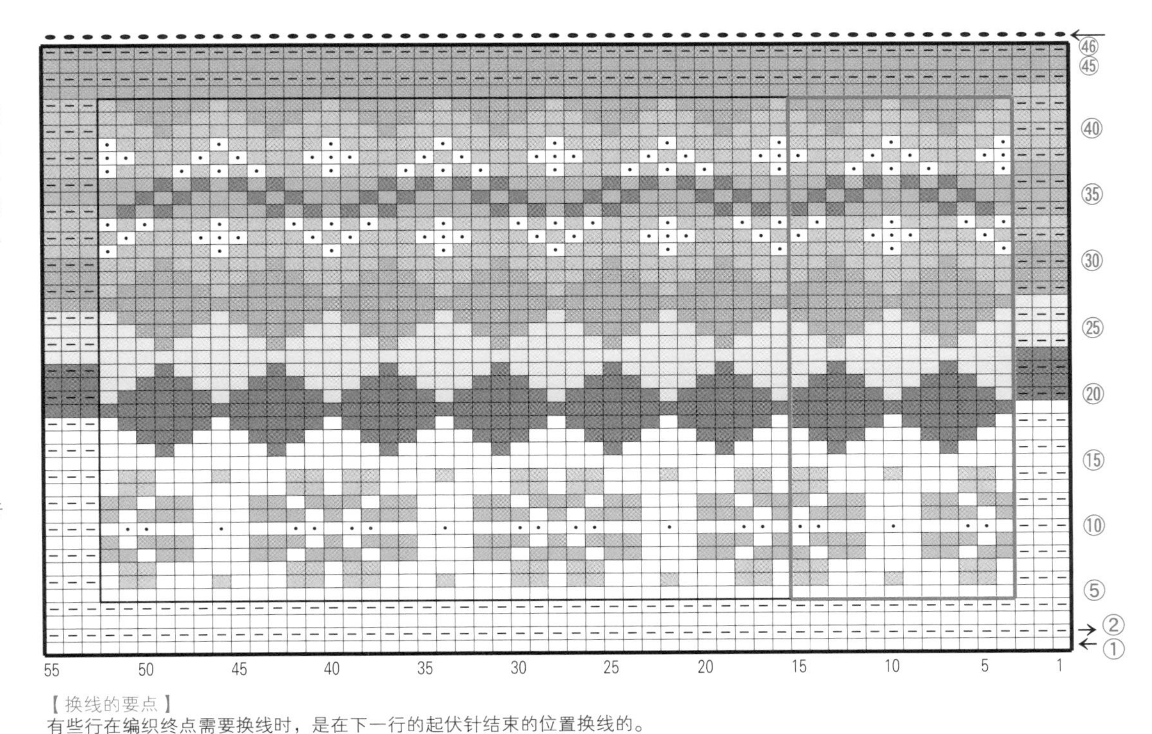

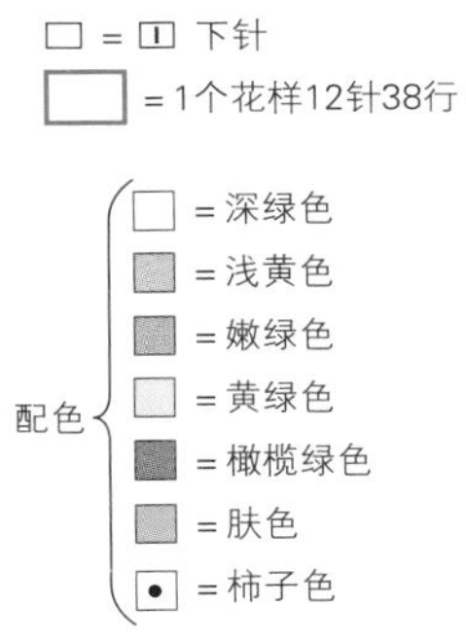

【换线的要点】
有些行在编织终点需要换线时，是在下一行的起伏针结束的位置换线的。
因为如果在织片的两端（起伏针的顶端）换线，织片可能会绷紧隆起，处理线头时也可能会影响到正面的美观。
基本上，在下一行起伏针结束的位置换线就能轻松处理线头了。

60

尺寸 15cm × 15cm
图片 p.33

线　Puppy Princess Anny／水蓝色（534）…5g，原白色（502）、焦糖色（508）、明黄色（541）…各3g，紫红色（510）…2g，黄绿色（536）、玫瑰红色（505）…各少量
针　6号棒针

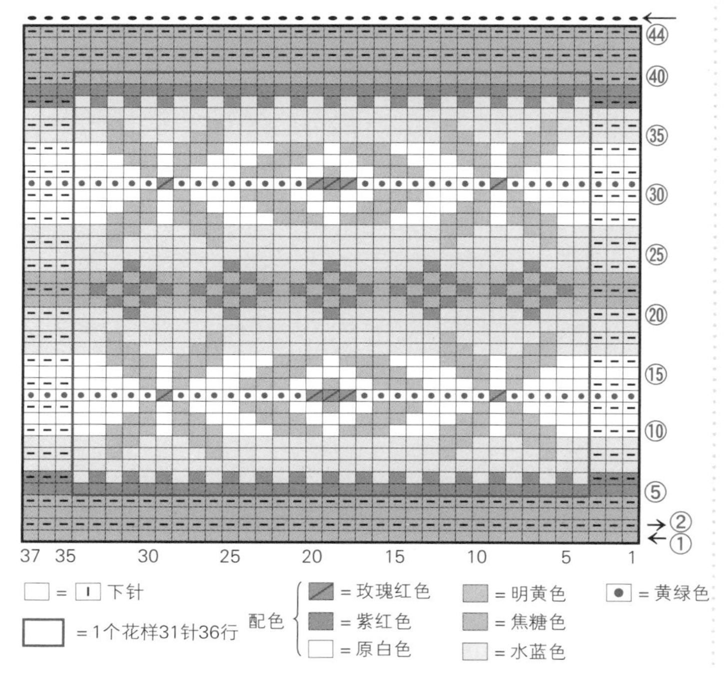

□ = Ⅰ 下针
▭ = 1个花样31针36行
配色：玫瑰红色、紫红色、原白色、明黄色、焦糖色、水蓝色、●=黄绿色

61

尺寸 15cm × 15cm
图片 p.33

线　Puppy Princess Anny／红色（※）…7g，焦糖色（508）、深红色（532）、粉褐色（※）…各2g，褐色（※）、明黄色（541）…各1g
※因为是废号色，所以选用喜欢的线替代即可
针　6号棒针

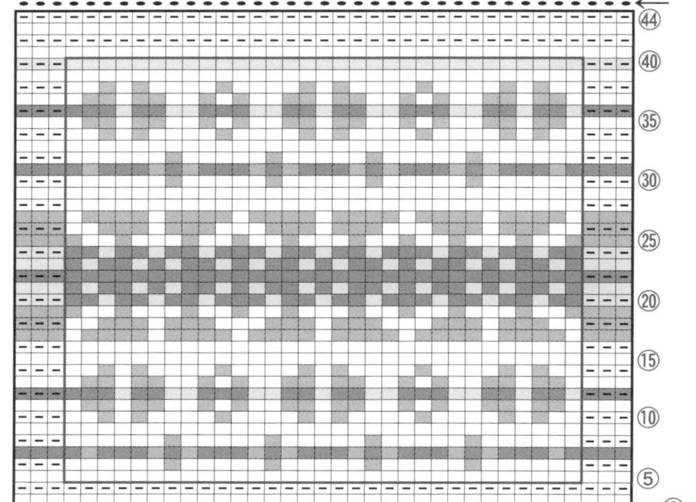

□ = Ⅰ 下针
▭ = 1个花样31针36行
配色：红色、深红色、褐色、粉褐色、焦糖色、明黄色

62

尺寸 15cm × 15cm
图片 p.33

线　Puppy Princess Anny／明黄色（541）…5g，粉色（544）、松石蓝色（552）…各4g，浅紫色（546）…2g
针　6号棒针

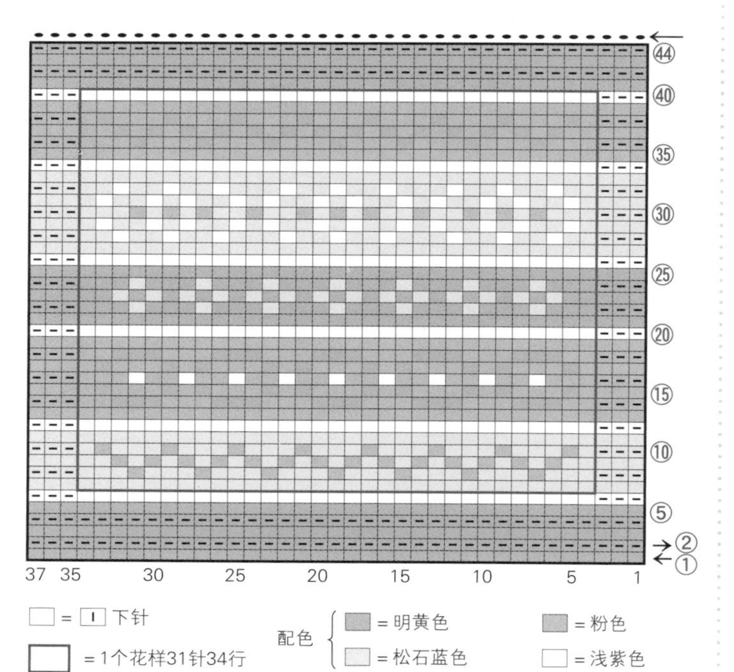

□ = Ⅰ 下针
▭ = 1个花样31针34行
配色：明黄色、松石蓝色、粉色、浅紫色

63

尺寸 15cm × 15cm
图片 p.33

线　Puppy Princess Anny／绿色（560）…7g，灰色（518）、浅紫色（546）…各4g，黄绿色（536）…1g，水蓝色（534）…少量
针　6号棒针

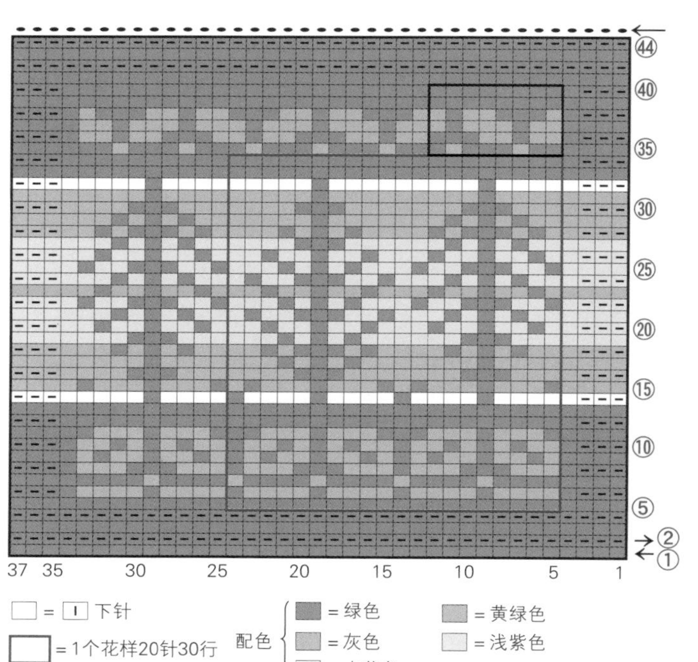

□ = Ⅰ 下针
▭ = 1个花样20针30行
▭ = 1个花样8针6行
配色：绿色、灰色、水蓝色、黄绿色、浅紫色

64

尺寸 15cm × 20cm

图片 p.34

线 Puppy Princess Anny / 粉褐色（※）…8g、浅粉色（527）…6g、浅紫色（546）…4g、黄绿色（536）…3g、粉色（544）…2g、紫红色（510）…少量

※因为是废号色，所以选用喜欢的线替代即可

针 6号棒针

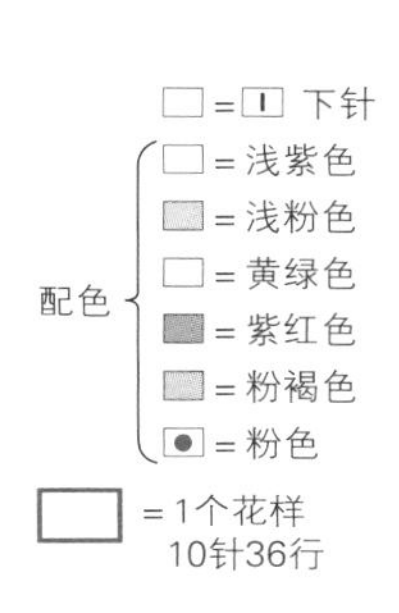

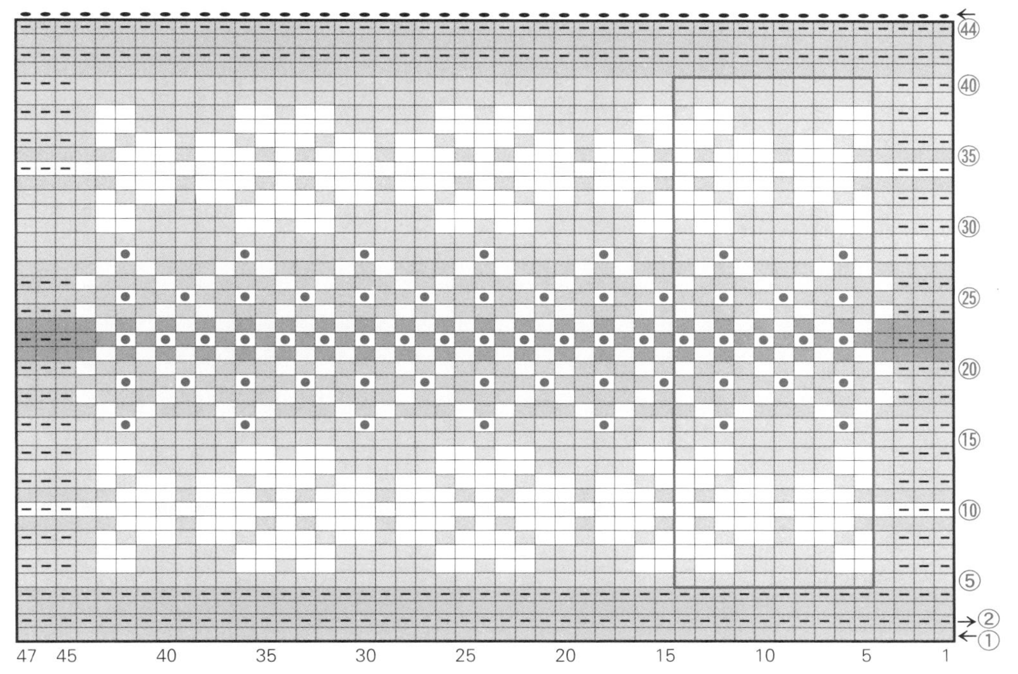

65

尺寸 15cm × 20cm

图片 p.34

线 Puppy Princess Anny / 焦糖色（508）…7g，粉褐色（※）…4g，玫瑰红色（505）、黄色（551）…各3g，浅粉色（527）、松石蓝色（552）…各1g

※因为是废号色，所以选用喜欢的线替代即可

针 6号棒针

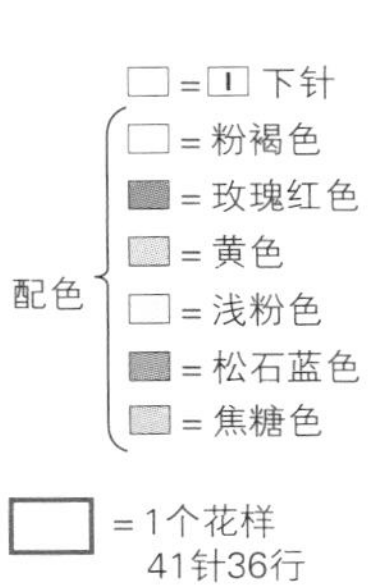

66

尺寸 15cm × 20cm
图片 p.35

线 Rich More Percent / 蓝色（46）、褐色（※）…各5g，水蓝色（39）…3g，紫红色（63）…2g，紫色（50）、浅紫粉色（68）…各1g
※因为是废号色，所以选用喜欢的线替代即可
针 5号棒针

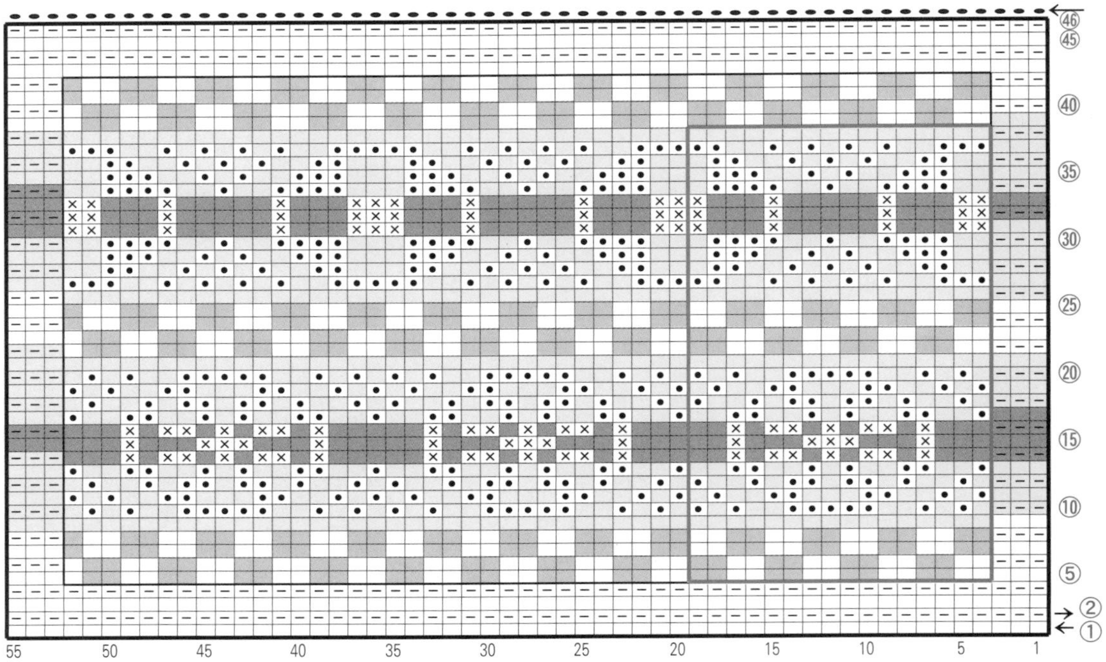

□ = ⊟ 下针
▭ = 1个花样16针34行

配色
□ = 褐色
□ = 蓝色
■ = 紫色
■ = 紫红色
⊠ = 浅紫粉色
⊡ = 水蓝色

【换线的要点】
有些行在编织终点需要换线时，是在下一行的起伏针结束的位置换线的。
因为如果在织片的两端（起伏针的顶端）换线，织片可能会绷紧隆起，处理线头时也可能会影响到正面的美观。
基本上，在下一行起伏针结束的位置换线就能轻松处理线头了。

67

尺寸 15cm × 20cm
图片 p.35

线 Rich More Percent / 深棕色（89）…9g，橄榄绿色（11）、褐色（※）、柿子色（118）、白色（※）…各3g，黄色（5）…2g，黄土色（116）…1g
※=因为是废号色，所以选用喜欢的线替代即可
针 5号棒针

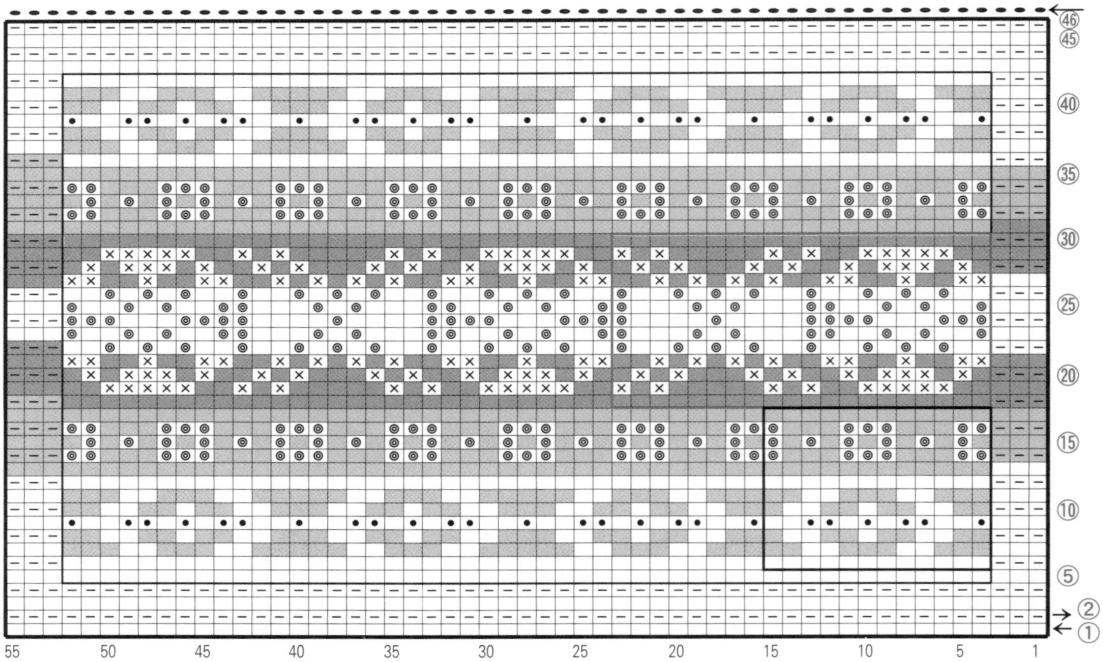

□ = ⊟ 下针
▭ = 1个花样20针13行
▭ = 1个花样12针12行

配色
□ = 深棕色
□ = 橄榄绿色
■ = 柿子色
⊡ = 黄土色
⊠ = 黄色
□ = 褐色
◎ = 白色

【换线的要点】
有些行在编织终点需要换线时，是在下一行的起伏针结束的位置换线的。
因为如果在织片的两端（起伏针的顶端）换线，织片可能会绷紧隆起，处理线头时也可能会影响到正面的美观。
基本上，在下一行起伏针结束的位置换线就能轻松处理线头了。

68

尺寸 15cm × 20cm
图片 p.36

线　Rich More Percent / 红色（※）…9g，褐色（※）…7g，黄色（5）、绿色（32）…各3g，原白色（1）…2g
※因为是废号色，所以选用喜欢的线替代即可
针　5号棒针

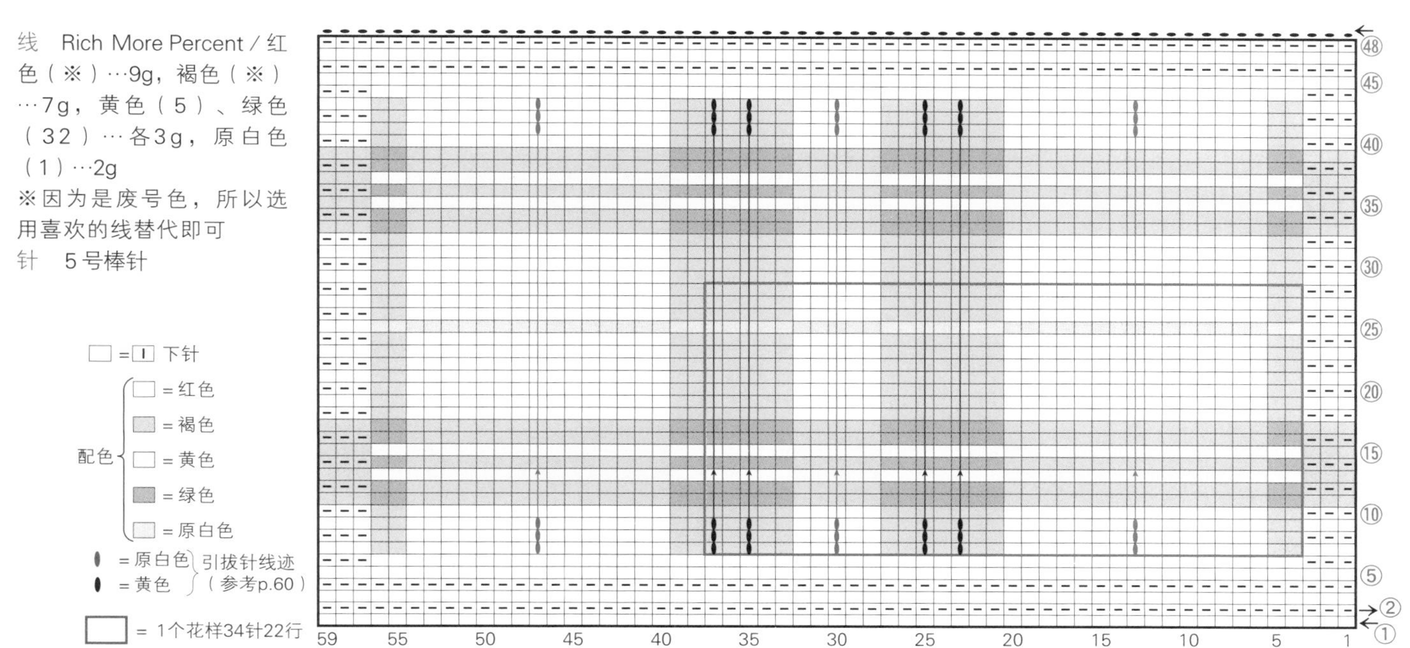

69

尺寸 15cm × 20cm
图片 p.36

线　Rich More Percent / 深绿色（31）…9g，蓝色（46）…4g，翠绿色（34）…3g，黄绿色（33）、群青色（106）…各2g，松石蓝色（108）…1g
针　5号棒针

□ = Ⅰ 下针

配色
- = 深绿色
- = 蓝色
- = 群青色
- = 翠绿色
- = 黄绿色
- = 松石蓝色

= 用蓝色线做引拔针线迹（参考p.60）

= 1个花样23针23行

70

尺寸 15cm × 15cm
图片 p.37

线　Rich More Percent / 褐色（※）…13g，深棕色（89）、红色（74）…各3g
※因为是废号色，所以选用喜欢的线替代即可
针　5号棒针

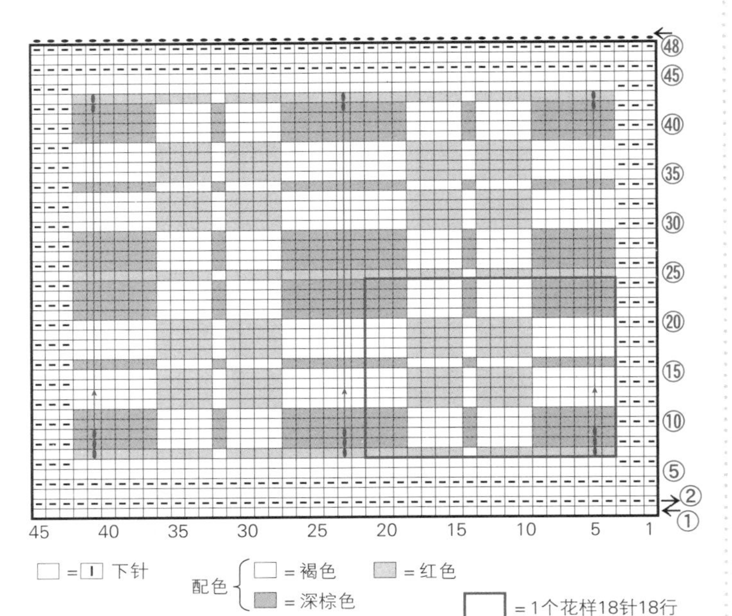

□ = 丨 下针

配色 { □ = 褐色　▨ = 红色　▨ = 深棕色 }

▭ = 1个花样18针18行

⬮ = 用红色线做引拔针线迹（参考p.60）

71

尺寸 15cm × 15cm
图片 p.37

线　Rich More Percent / 橄榄绿色（11）…9g，嫩绿色（14）、深棕色（89）…各3g，原白色（1）…2g，明黄色（102）…1g
针　5号棒针

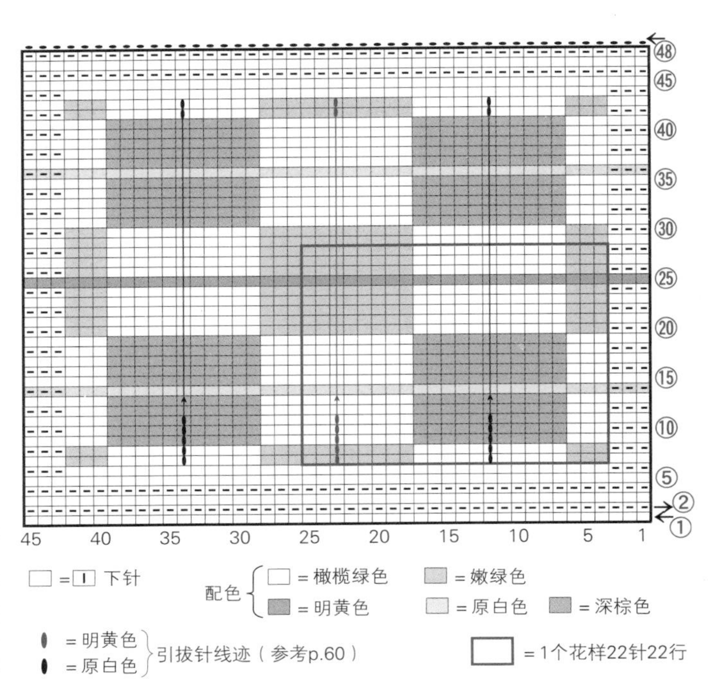

□ = 丨 下针

配色 { □ = 橄榄绿色　▨ = 嫩绿色　▨ = 明黄色　▨ = 原白色　▨ = 深棕色 }

⬮ = 明黄色
⬮ = 原白色
} 引拔针线迹（参考p.60）

▭ = 1个花样22针22行

72

尺寸 15cm × 15cm
图片 p.37

线　Rich More Percent / 深棕色（89）…8g，深绿色（31）、蓝紫色（49）…各3g，原白色（1）、红色（※）…各1g
※因为是废号色，所以选用喜欢的线替代即可
针　5号棒针

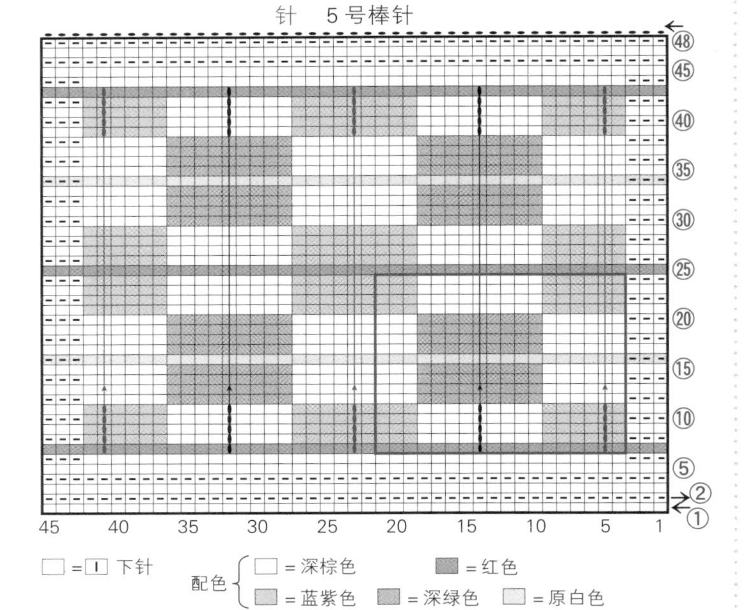

□ = 丨 下针

配色 { □ = 深棕色　▨ = 红色　▨ = 蓝紫色　▨ = 深绿色　▨ = 原白色 }

⬮ = 红色
⬮ = 原白色
} 引拔针线迹（参考p.60）

▭ = 1个花样18针18行

73

尺寸 15cm × 15cm
图片 p.37

线　Rich More Percent / 粉色（72）…9g，灰粉色（65）、原白色（1）…各3g
针　5号棒针

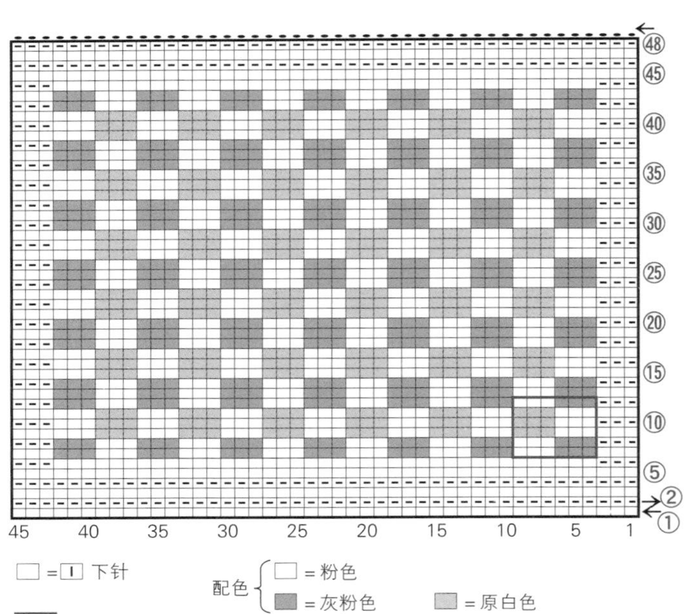

□ = 丨 下针

配色 { □ = 粉色　▨ = 灰粉色　▨ = 原白色 }

▭ = 1个花样6针6行

74

尺寸 15cm × 15cm
图片 p.38

线　Rich More Percent / 米色（19）…9g，灰紫色（55）、褐色（※）…各3g
※因为是废号色，所以选用喜欢的线替代即可
针　5号棒针

□ = Ⅰ 下针
配色 { □ = 米色　■ = 褐色　▒ = 灰紫色 }
□ = 1个花样6针12行

75

尺寸 15cm × 15cm
图片 p.38

线　Rich More Percent / 灰紫色（55）…7g、褐色（※）…6g、红色（※）…3g、天空色（40）…2g
※ = 因为是废号色，所以选用喜欢的线替代即可
针　5号棒针

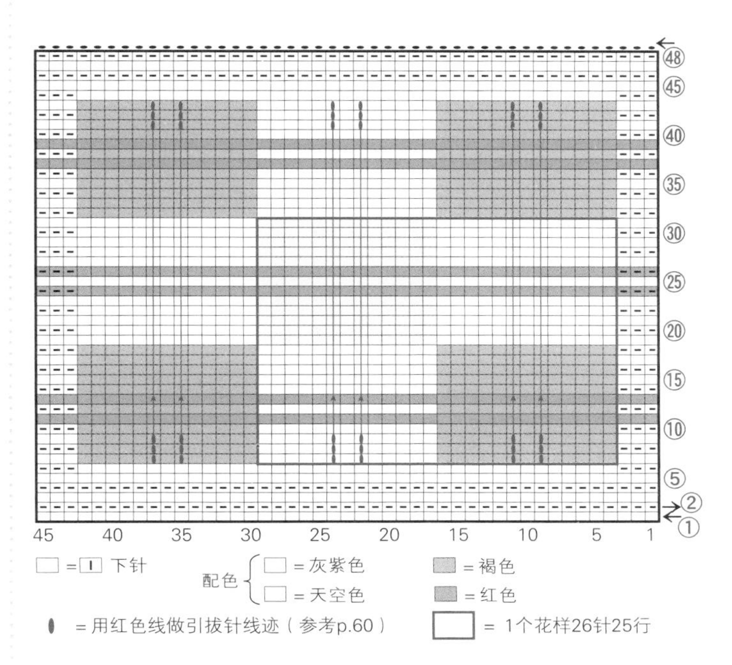
□ = Ⅰ 下针
配色 { □ = 灰紫色　□ = 天空色　▒ = 褐色　■ = 红色 }
⬮ = 用红色线做引拔针线迹（参考p.60）
□ = 1个花样26针25行

76

尺寸 15cm × 15cm
图片 p.38

线　Rich More Percent / 粉紫色（66）…8g、绿色（32）…6g、浅紫色（67）…2g、深粉色（114）…1g
针　5号棒针

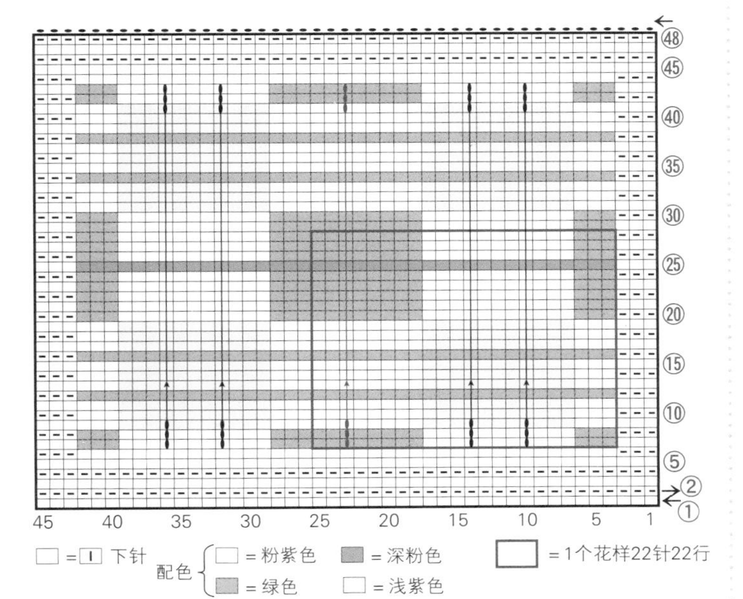
□ = Ⅰ 下针
配色 { □ = 粉紫色　▒ = 绿色　■ = 深粉色　□ = 浅紫色 }
□ = 1个花样22针22行
⬮ = 深粉色
⬮ = 绿色
} 引拔针线迹（参考p.60）

77

尺寸 15cm × 15cm
图片 p.38

线　Rich More Percent / 米色（19）…8g，深棕色（89）…4g，原白色（1）、红色（74）…各1g
针　5号棒针

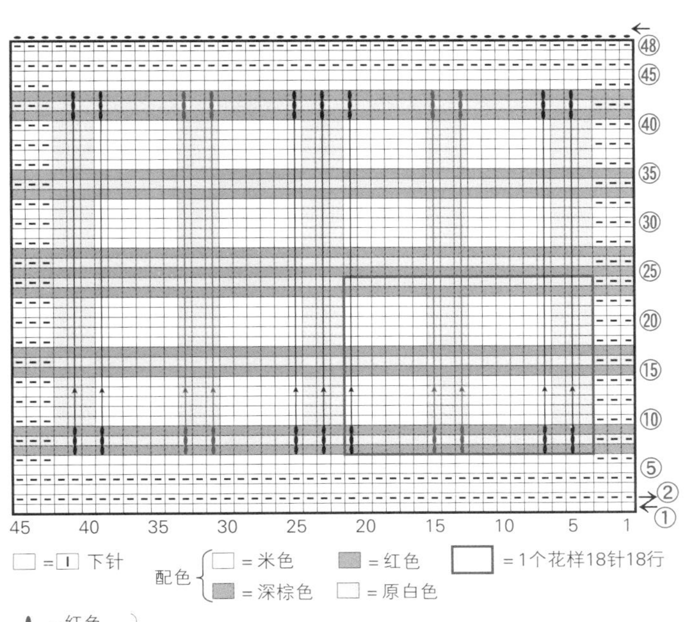
□ = Ⅰ 下针
配色 { □ = 米色　■ = 深棕色　▒ = 红色　□ = 原白色 }
□ = 1个花样18针18行
⬮ = 红色
⬮ = 深棕色
} 引拔针线迹（参考p.60）

78

尺寸 28.5cm × 4.5cm
图片 p.39

线　Rich More Percent／蓝色（46）…8g、深棕色（89）…各3g，天空色（40）…2g，翠绿色（34）…1g
针　5号棒针

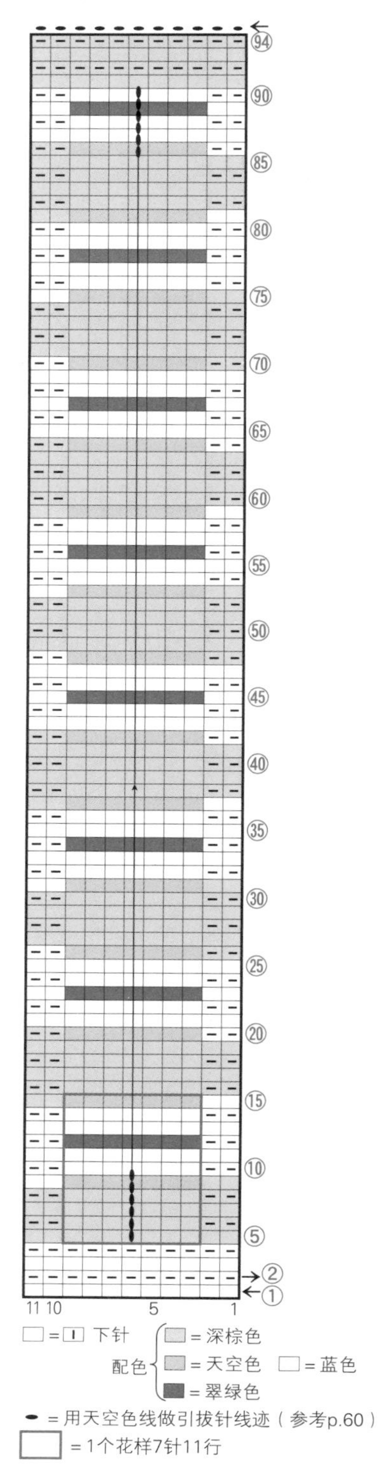

79

尺寸 30cm × 5cm
图片 p.39

线　Rich More Percent／原白色（1）、天空色（40）…各3g，嫩绿色（14）、黄绿色（33）…各2g
针　5号棒针

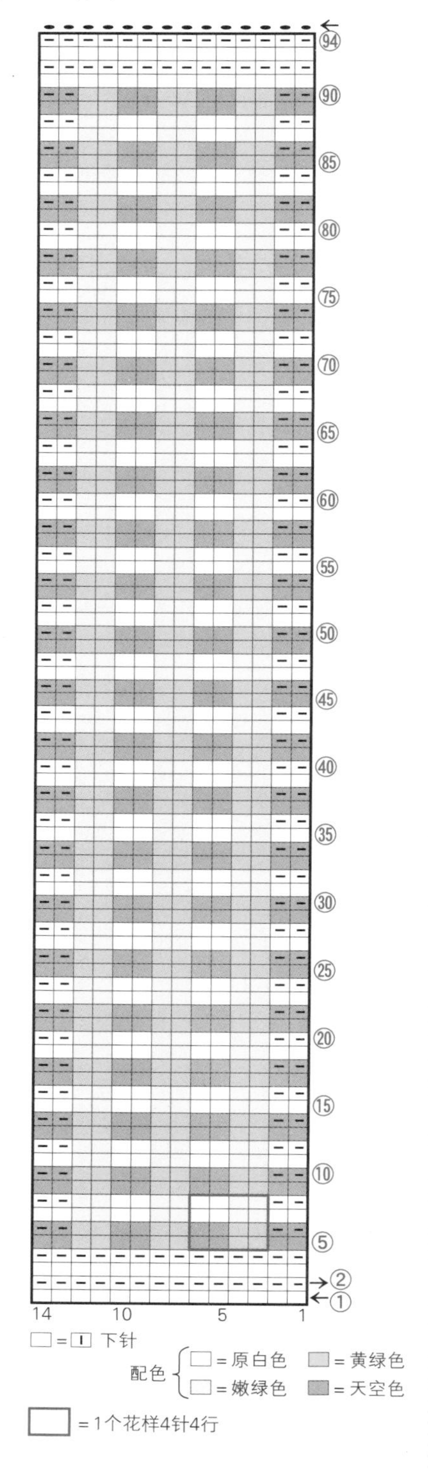

81

尺寸 32cm × 7.5cm
图片 p.39

线　Rich More Percent／深棕色（89）…8g，浅灰色（※）、褐色（※）…各3g
※＝因为是废号色，所以选用喜欢的线替代即可
针　5号棒针

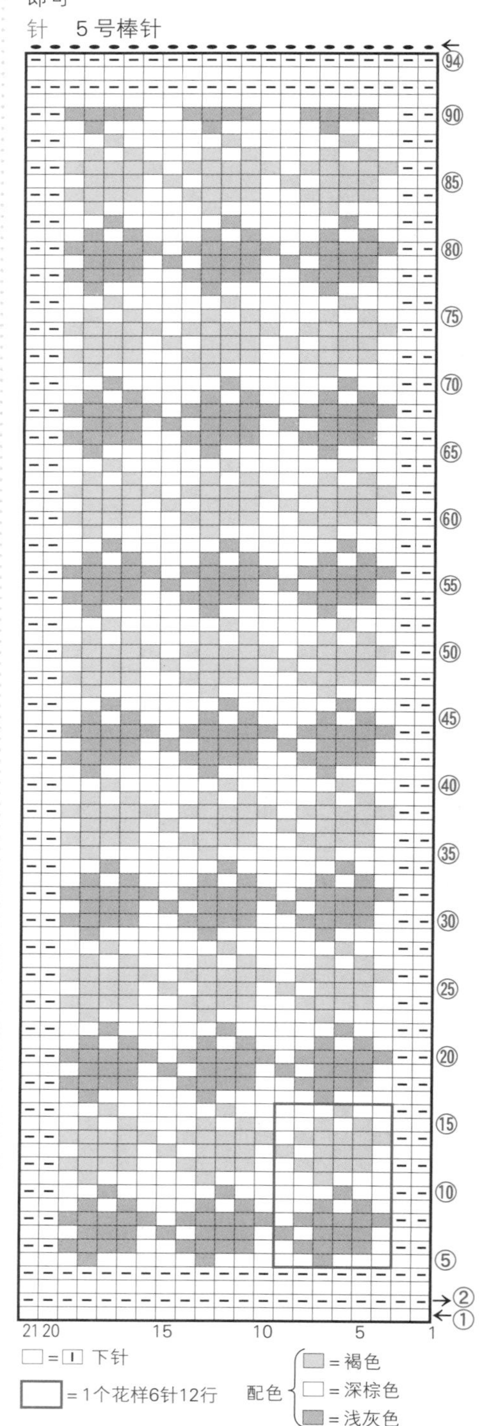

82

尺寸 15cm × 15cm
图片 p.40

线 Rich More Percent / 浅褐色（84）…5g，灰抹茶色（12）、紫灰色（54）、粉色（※）…各3g，粉米色（83）…少量
※因为是废号色，所以选用喜欢的线替代即可
针 6号棒针

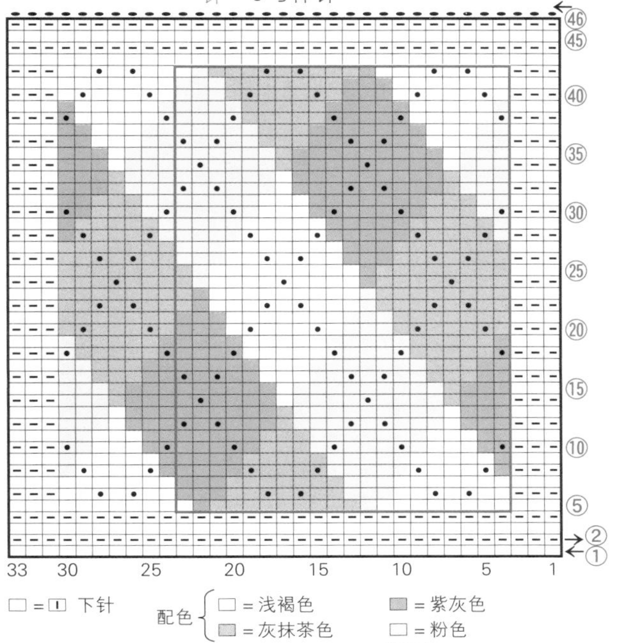

□ = ⊡ 下针
配色 { □ = 浅褐色　▨ = 紫灰色
　　　▨ = 灰抹茶色　□ = 粉色
• = 用粉米色线做下针刺绣（参考p.60）
□ = 1个花样20针38行

83

尺寸 15cm × 15cm
图片 p.40

线 Rich More Percent / 蓝灰色（44）…8g，灰抹茶色（12）、粉米色（83）…各3g
针 6号棒针

□ = ⊡ 下针
□ = 1个花样18针36行
配色 { □ = 蓝灰色
　　　▨ = 粉米色
　　　▨ = 灰抹茶色

84

尺寸 15cm × 15cm
图片 p.40

线 Rich More Percent / 白色（※）…8g，灰蓝色（24）、薄荷绿色（23）…各3g，紫灰色（54）…少量
※因为是废号色，所以选用喜欢的线替代即可
针 6号棒针

□ = ⊡ 下针
配色 { □ = 白色　▨ = 灰蓝色
　　　▨ = 薄荷绿色
• = 用紫灰色线做下针刺绣（参考p.60）
□ = 1个花样22针17行

85

尺寸 15cm × 15cm
图片 p.40

线 Rich More Percent / 灰抹茶色（12）…7g、黄土色（116）…4g、嫩绿色（14）…3g、紫灰色（54）…少量
针 6号棒针

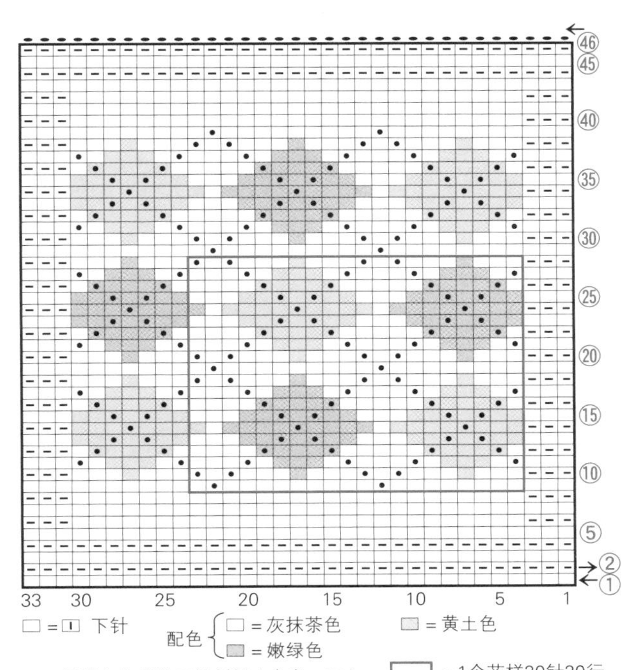

□ = ⊡ 下针
配色 { □ = 灰抹茶色　▨ = 黄土色
　　　▨ = 嫩绿色
• = 用紫灰色线做下针刺绣（参考p.60）
□ = 1个花样20针20行

86

尺寸 15cm × 20cm
图片 p.41

线　Rich More Percent / 灰色（※）…15g，黄色（5）、黑色（90）…各5g
※因为是废号色，所以选用喜欢的线替代即可
针　6号棒针

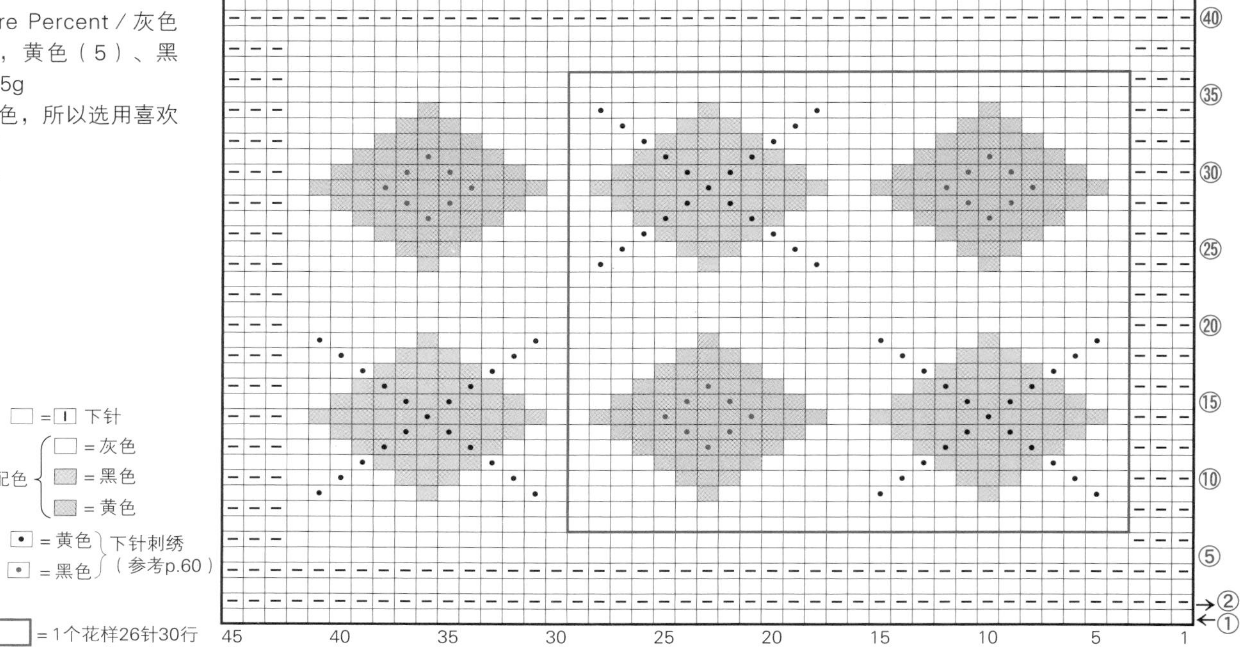

87

尺寸 15cm × 20cm
图片 p.41

线　Rich More Percent / 紫红色（63）…10g、蓝色（46）…4g、浅灰色（※）…2g、白色（※）…少量
※ = 因为是废号色，所以选用喜欢的线替代即可
针　6号棒针

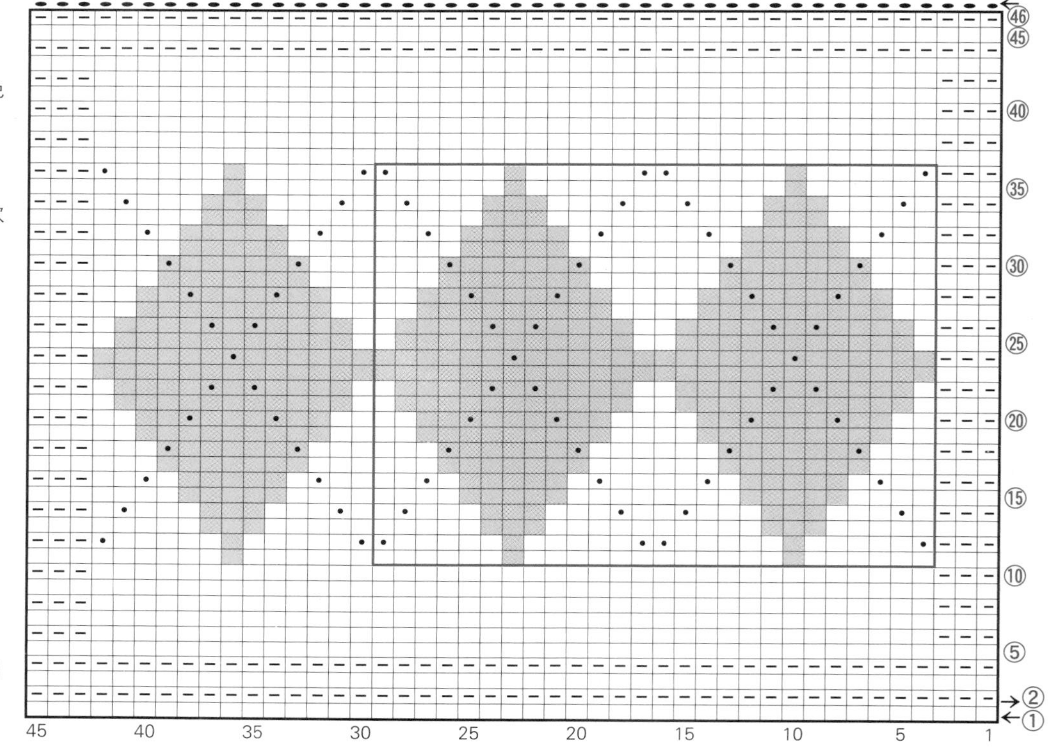

□ = 丨 下针
配色
□ = 紫红色
▨ = 蓝色
▨ = 浅灰色
• = 用白色线做下针刺绣（参考p.60）
□ = 1个花样26针26行

88

尺寸 15cm × 15cm
图片 p.42

线　藤久 Wister Mohair / 浅棕色（6）…8g
针　5号、4号棒针
※只有第1～4行、第52行至最终行的伏针收针用4号针编织

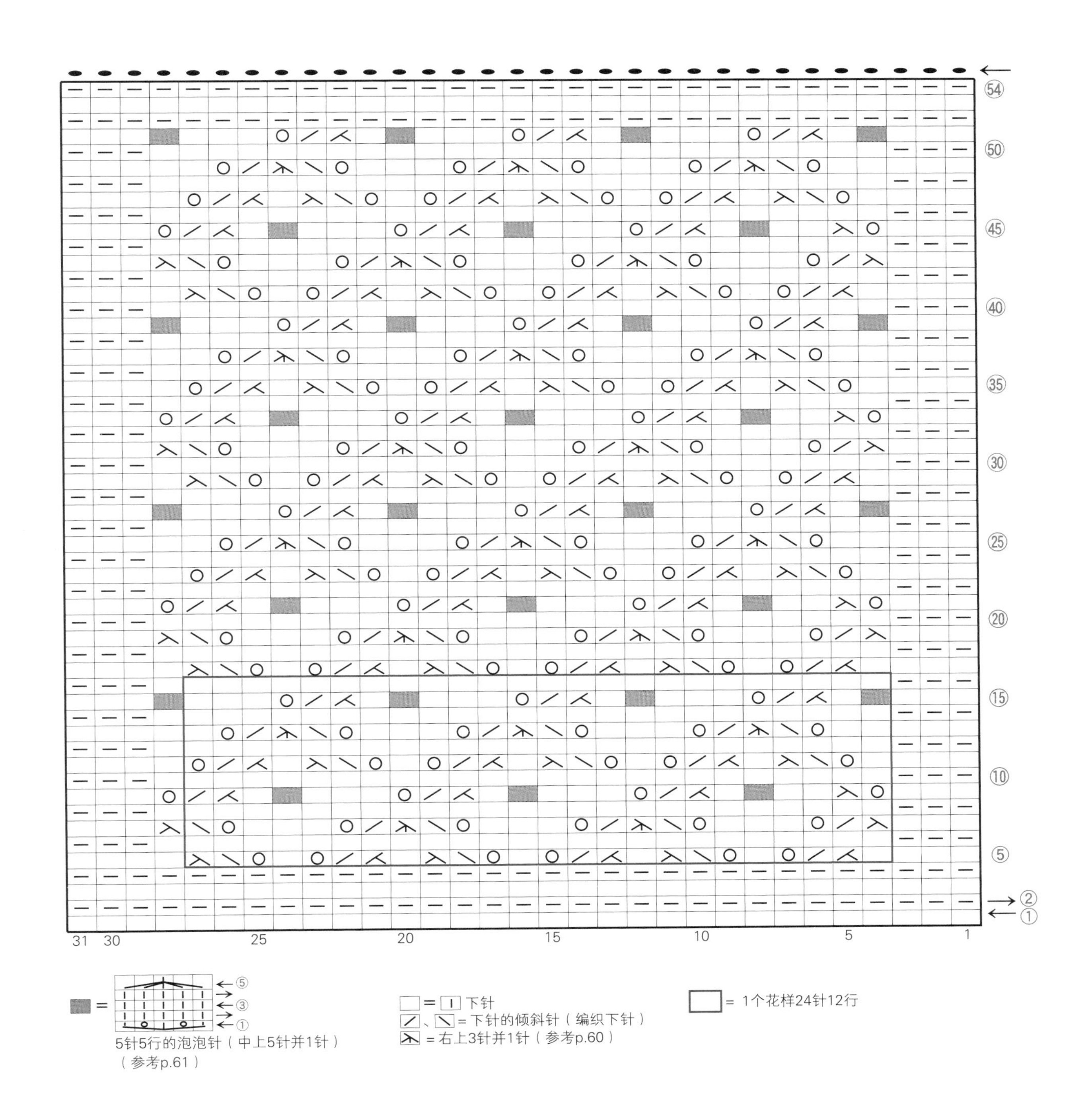

89

尺寸 10cm × 10cm
图片 p.42

线　Hamanaka 中粗马海毛线 / 橘红色…4g
针　5号、4号棒针
※只有第1～4行、第30行至最终行的伏针收针用4号针编织

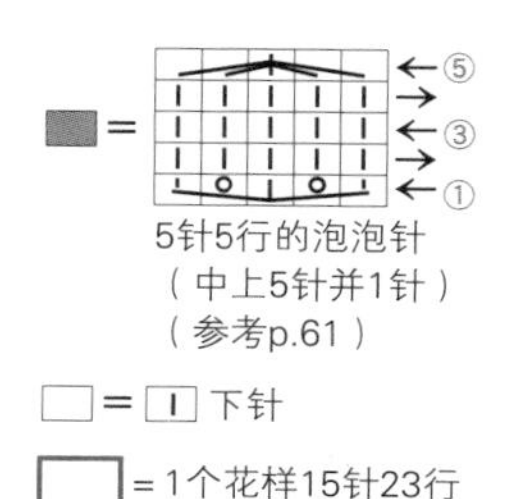

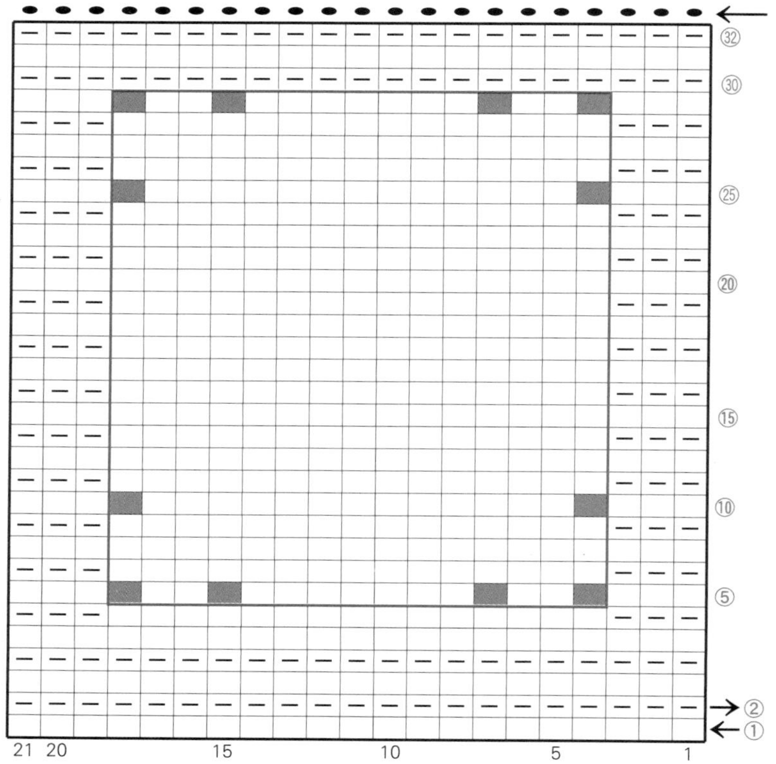

90

尺寸 15cm × 15cm
图片 p.42　重点教程 p.65

线　Olympus 中粗毛线 / 橙色…15g
针　5号、4号棒针，4/0号钩针
※只有第1～4行、第50行至最终行的伏针收针用4号针编织

= 3针中长针的变形的枣形针（参考p.65）4/0号钩针

= 上针

= 1个花样12针6行

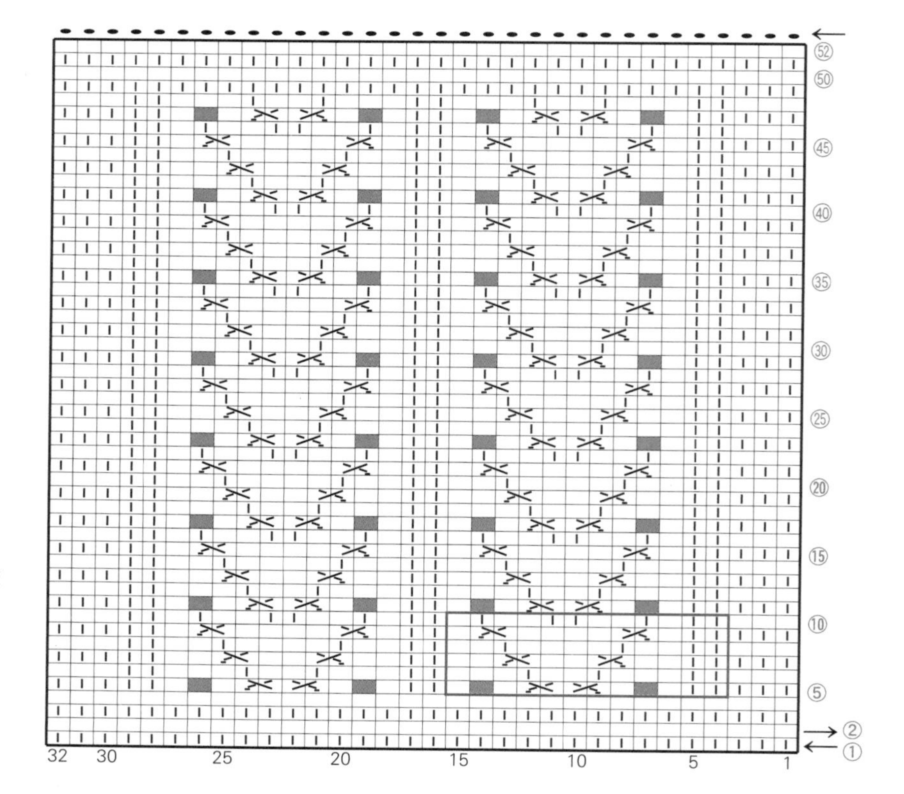

91

尺寸 15cm × 15cm

图片 p.43

线 Daruma 混入空气制线的羊毛、羊驼毛线／原白色（1）…9g

针 5号棒针

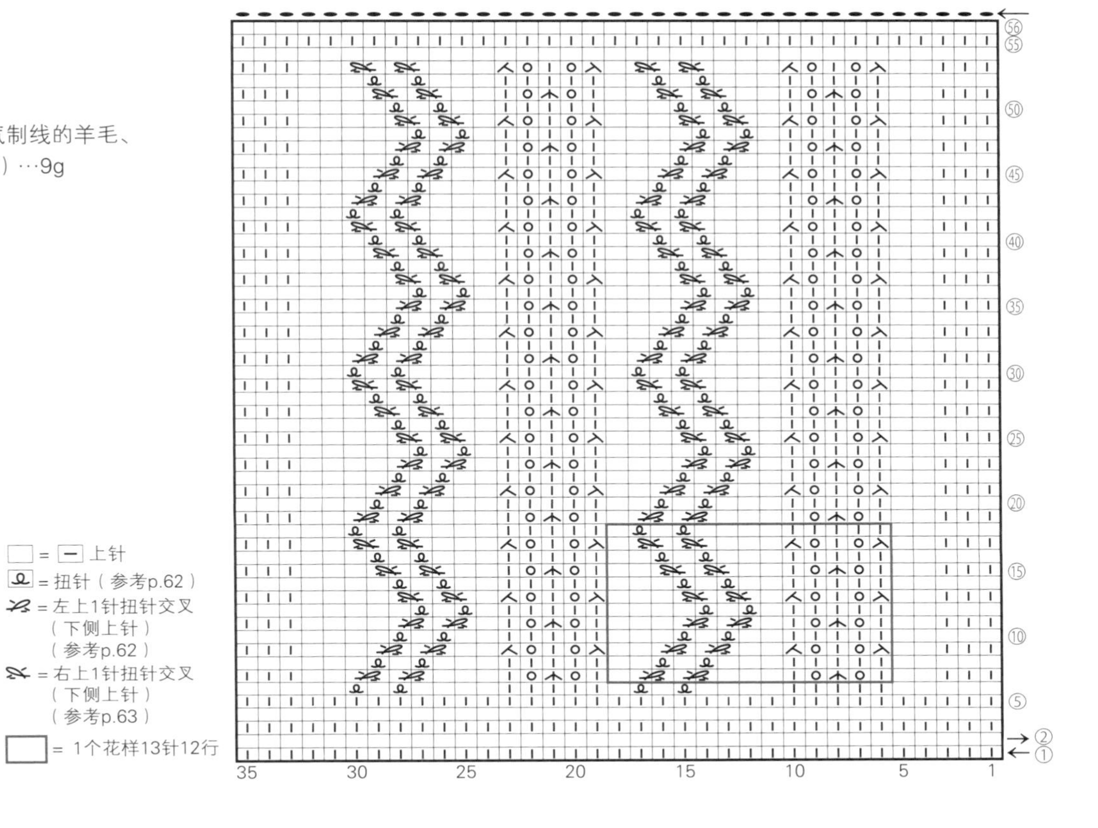

92

尺寸 15cm × 15cm

图片 p.43

线 Daruma 混入空气制线的羊毛、羊驼毛线／燕麦色（2）…9g

针 5号棒针

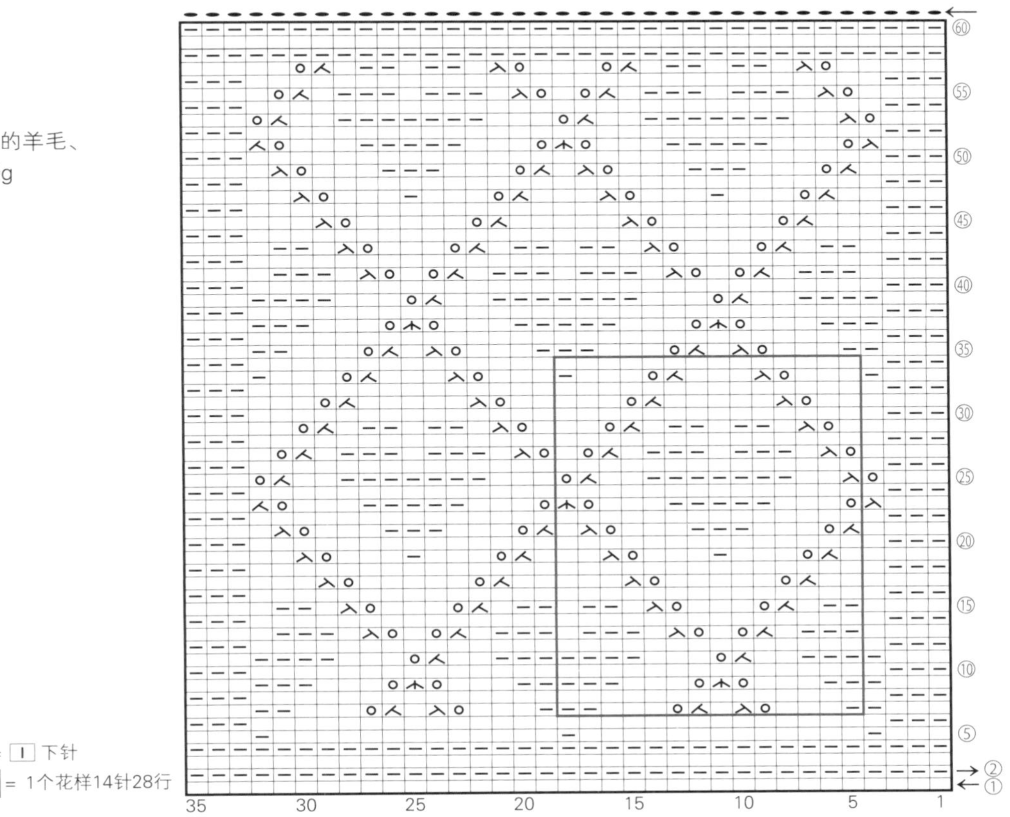

93

线　Olympus 粗毛线 / 米色…8g
针　6 号棒针

尺寸 10cm × 10cm
图片 p.44

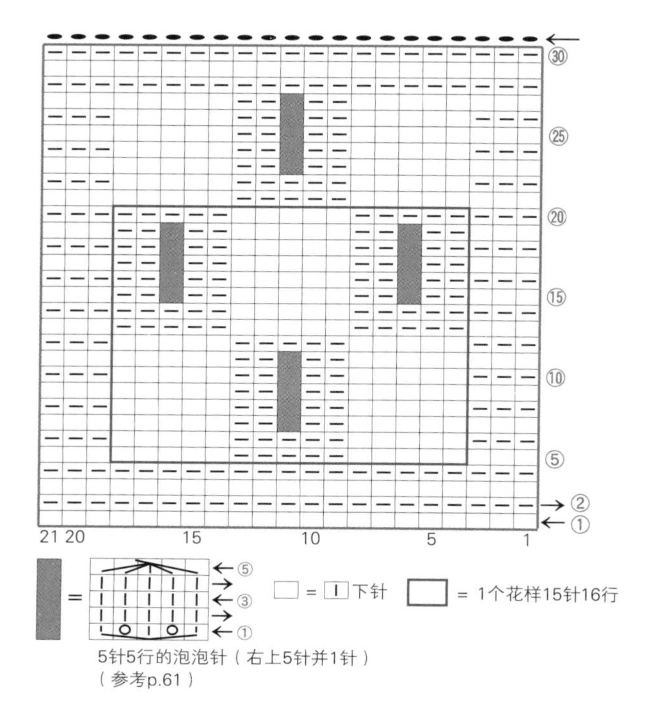

94

线　Olympus 粗毛线 / 米色…9g
针　6 号棒针

尺寸 10cm × 10cm
图片 p.44

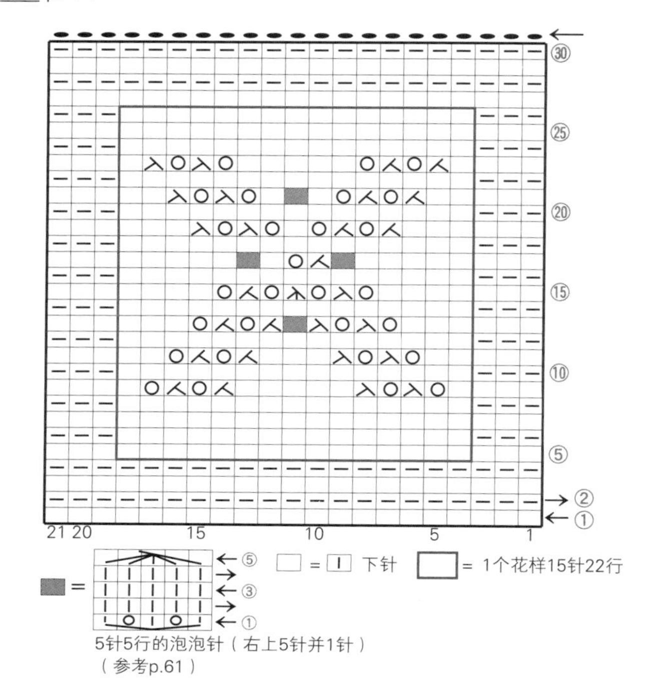

95

线　Olympus 粗毛线 / 米色…9g
针　6 号棒针

尺寸 10cm × 10cm
图片 p.44

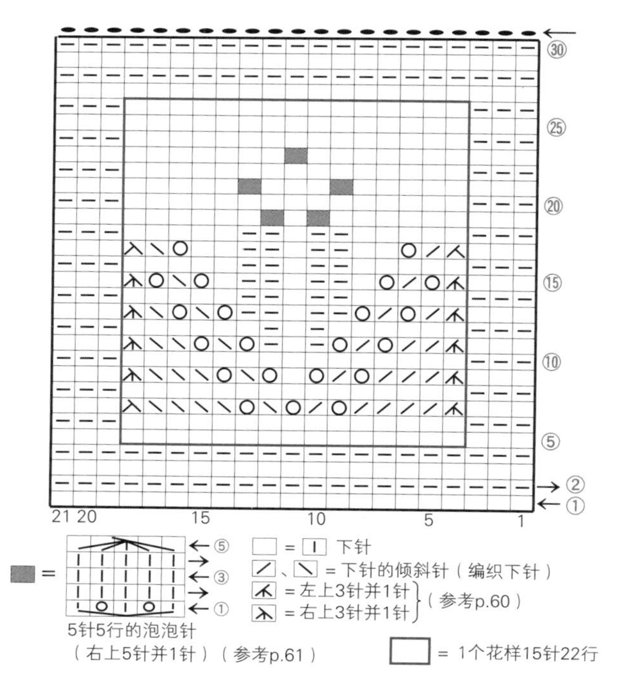

96

线　Olympus 粗毛线 / 米色…8g
针　6 号棒针

尺寸 10cm × 10cm
图片 p.44

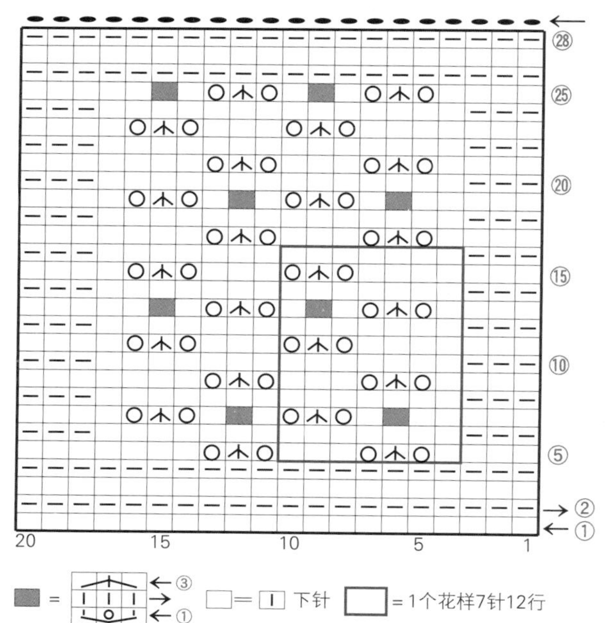

97

尺寸 10cm × 10cm
图片 p.45

线 藤久 Wister Baby Baby / 本白色（2）…7g
针 5号、4号棒针，5/0号钩针
※只有第1～4行、第32行至最终行的伏针收针用4号针编织

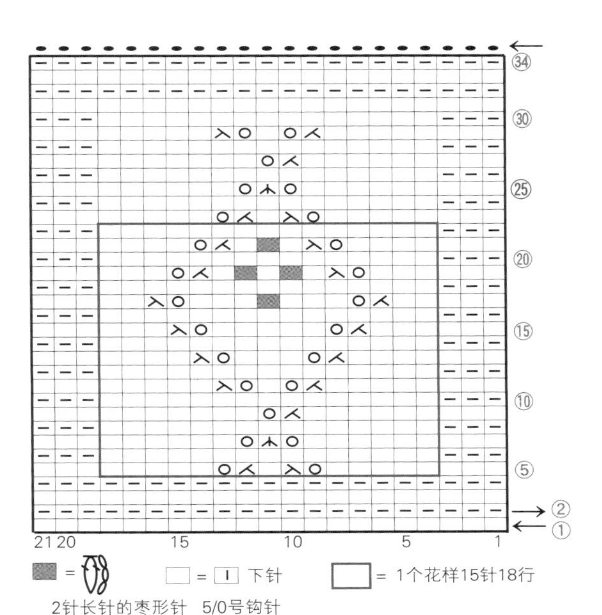

98

尺寸 10cm × 10cm
图片 p.45

线 藤久 Wister Baby Baby / 本白色（2）…7g
针 5号、4号棒针
※只有第1～4行、第34行至最终行的伏针收针用4号针编织

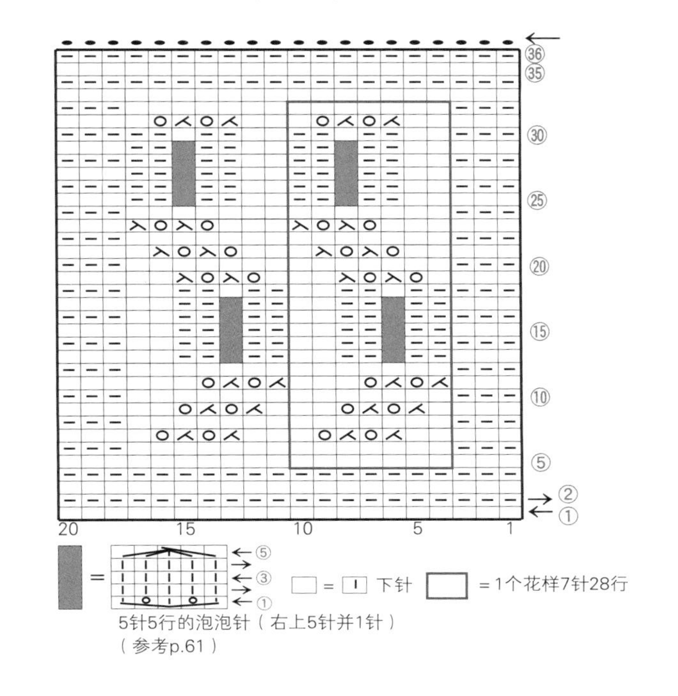

99

尺寸 10cm × 10cm
图片 p.45

线 藤久 Wister Baby Baby / 本白色（2）…7g
针 5号、4号棒针，5/0号钩针
※只有第1～4行、第34行至最终行的伏针收针用4号针编织

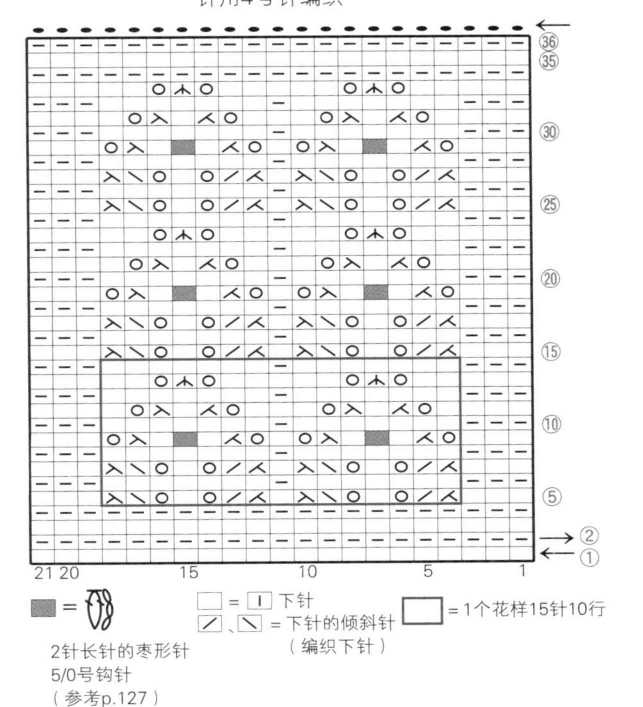

100

尺寸 10cm × 10cm
图片 p.45

线 藤久 Wister Baby Baby / 本白色（2）…6g
针 5号、4号棒针
※只有第1～4行、第30行至最终行的伏针收针用4号针编织

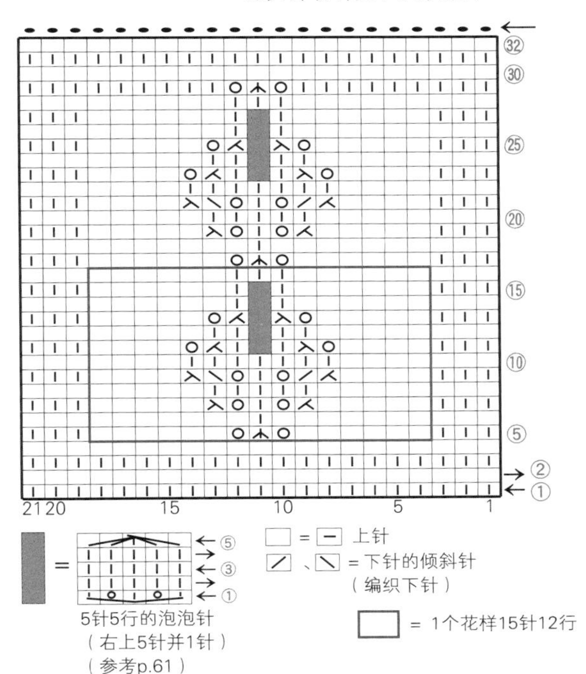

101

尺寸 10cm × 10cm
图片 p.46

线　藤久 Wister Baby Baby / 本
白色（2）…7g
针　6号棒针

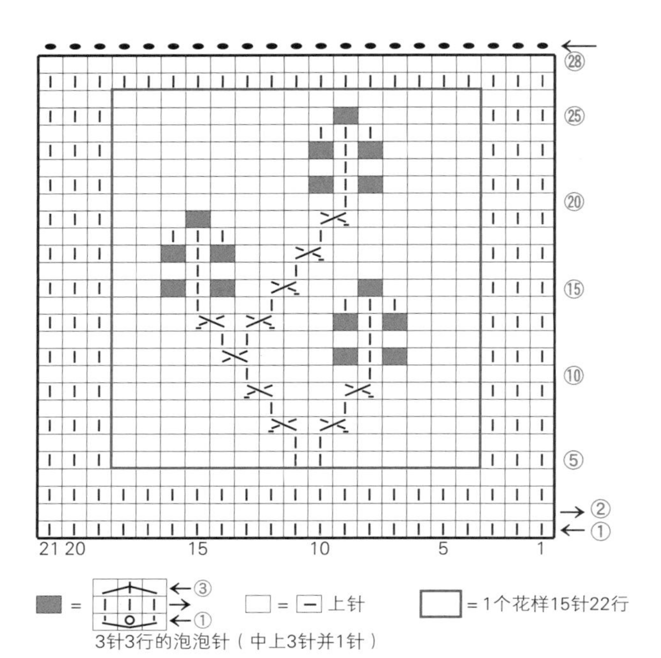

102

尺寸 10cm × 10cm
图片 p.46

线　藤久 Wister Baby Baby / 本
白色（2）…5g
针　7号棒针

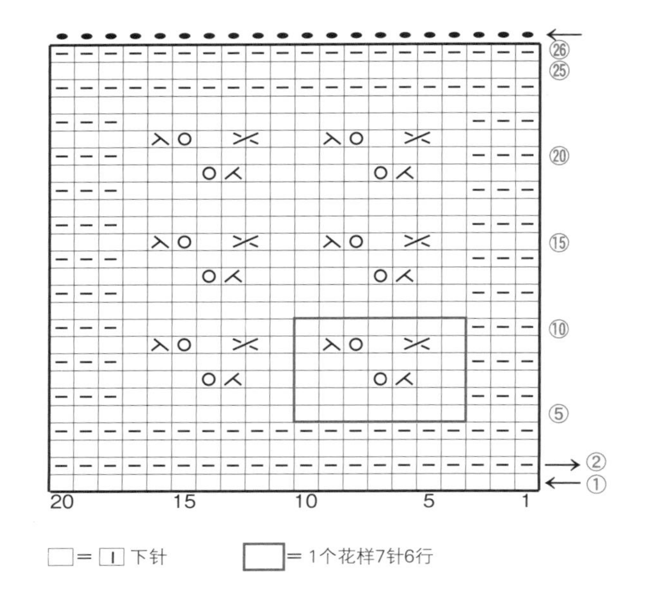

103

尺寸 10cm × 10cm
图片 p.46

线　藤久 Wister Baby Baby / 本
白色（2）…6g
针　6号棒针

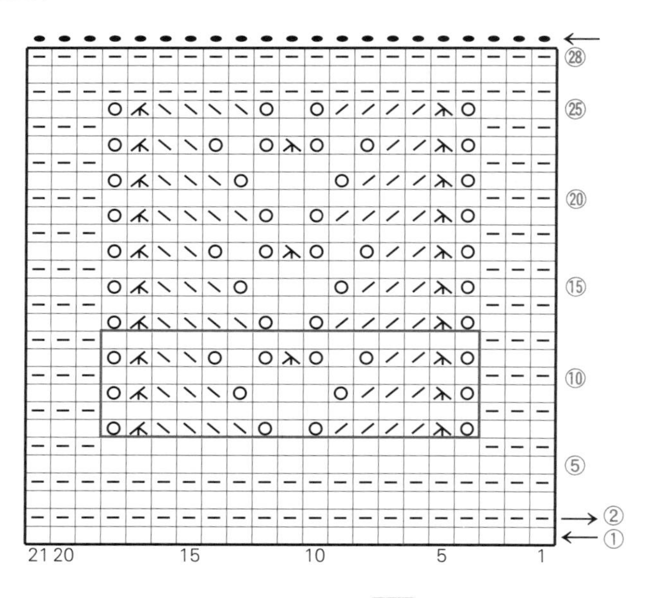

□ = | 　　= 1个花样15针6行
╱ 、╲ = 下针的倾斜针（编织下针）
= 左上3针并1针
= 右上3针并1针（参考p.60）

104

尺寸 10cm × 10cm
图片 p.46

线　藤久 Wister Baby Baby / 本
白色（2）…5g
针　6号棒针

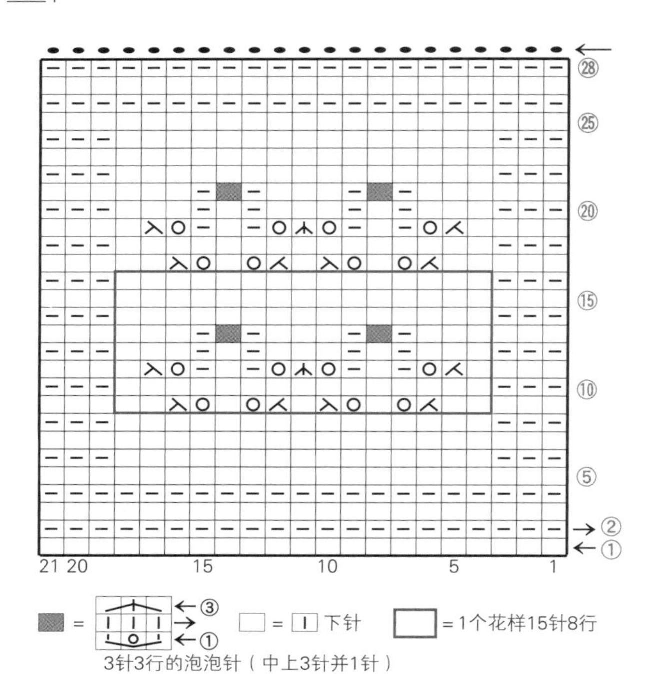

105

尺寸 10cm × 10cm
图片 p.47

线 Hamanaka 中粗马海毛线 / 原白色…4g
针 5号、4号棒针，5/0号钩针
※只有第1～4行、第34行至最终行的伏针收针用4号针编织

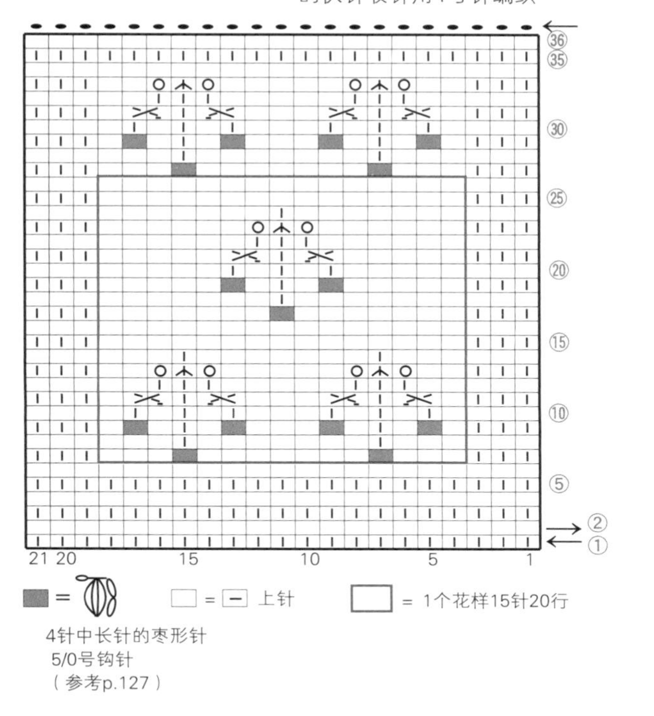

106

尺寸 10cm × 10cm
图片 p.47

线 Hamanaka 中粗马海毛线 / 原白色…4g
针 5号、4号棒针，5/0号钩针
※只有第1～4行、第40行至最终行的伏针收针用4号针编织

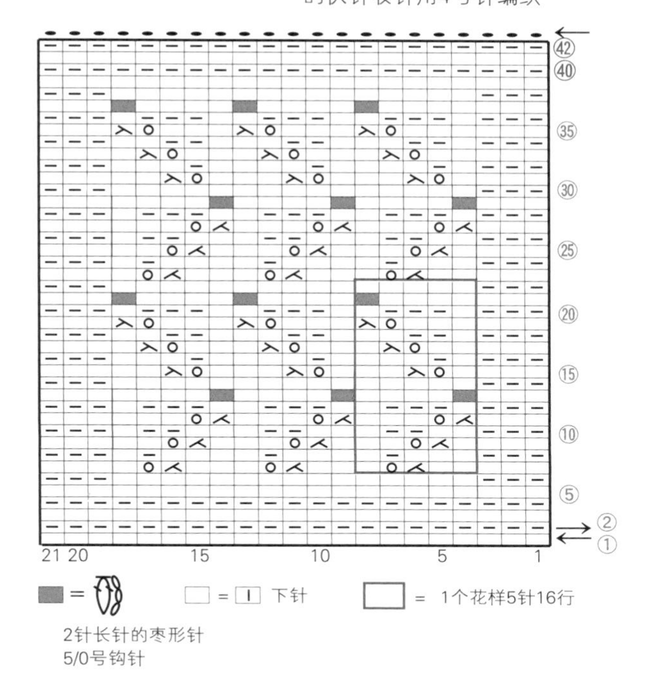

107

尺寸 10cm × 10cm
图片 p.47

线 Hamanaka 中粗马海毛线 / 原白色…4g
针 5号、4号棒针，5/0号钩针
※只有第1～4行、第38行至最终行的伏针收针用4号针编织

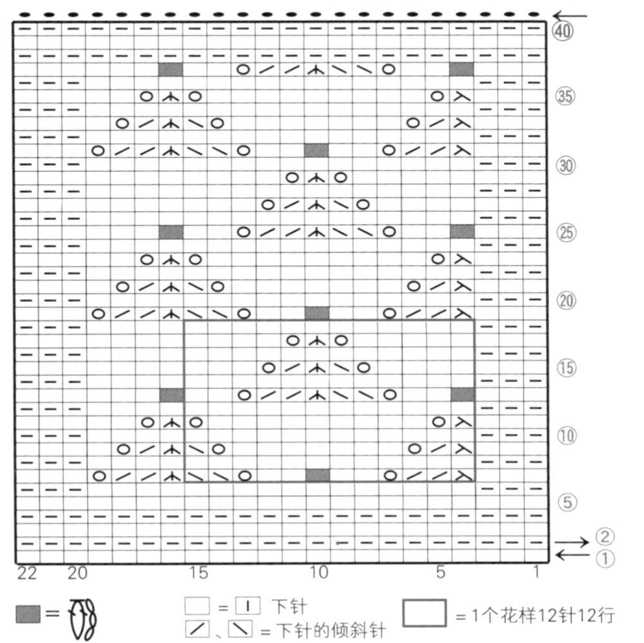

108

尺寸 10cm × 10cm
图片 p.47

线 Hamanaka 中粗马海毛线 / 原白色…4g
针 5号、4号棒针，5/0号钩针
※只有第1～4行、第34行至最终行的伏针收针用4号针编织

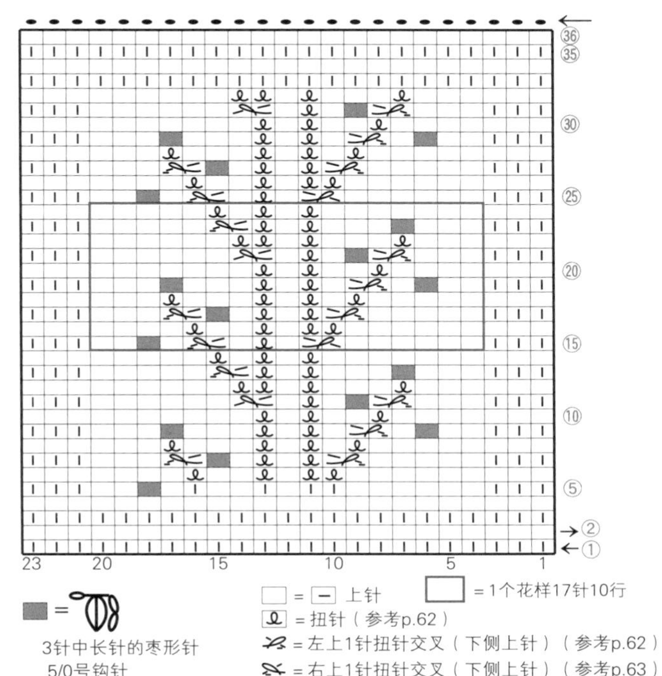

= 上针　　= 1个花样17针10行
= 扭针（参考p.62）
= 左上1针扭针交叉（下侧上针）（参考p.62）
= 右上1针扭针交叉（下侧上针）（参考p.63）

109

尺寸 15cm × 15cm
图片 p.48

线　Olympus 粗毛线／黄绿色…13g
针　5号、4号棒针
※只有第1～4行、第48行至最终行的伏针收针用4号针编织

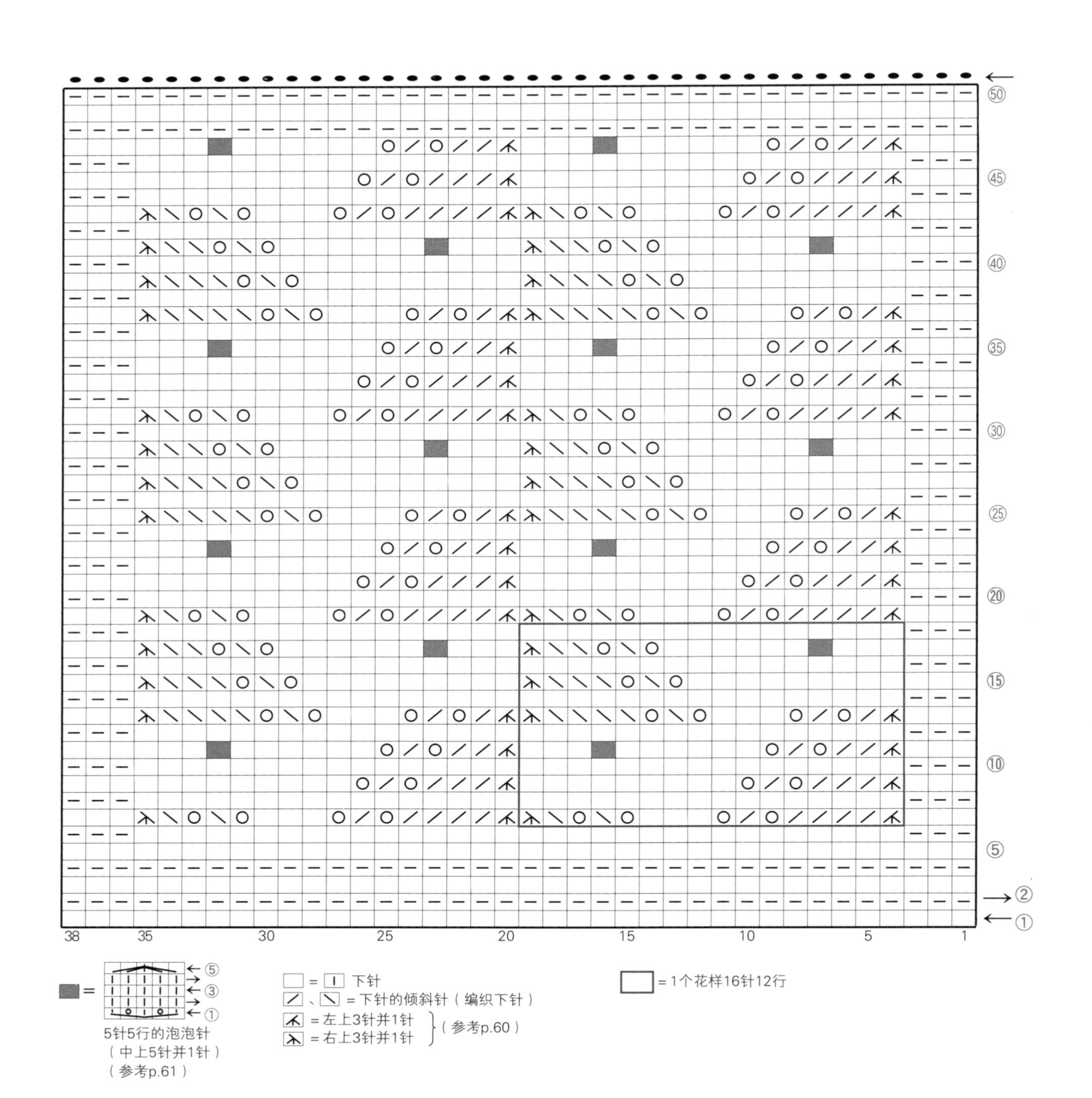

110

尺寸 10cm × 10cm
图片 p.48

线　Hamanaka　可爱宝宝 / 浅粉色（4）…5g
针　5号、4号棒针
※只有第1～4行、第30行至最终行的伏针收针用4号针编织

■ = 3针3行的泡泡针（中上3针并1针）

□ = ⊟ 上针

⧄、⧅ = 下针的倾斜针（编织下针）

扭针（参考p.62）

左上1针扭针交叉（下侧上针）（参考p.62）

右上1针扭针交叉（下侧上针）（参考p.63）

□ = 1个花样16针24行

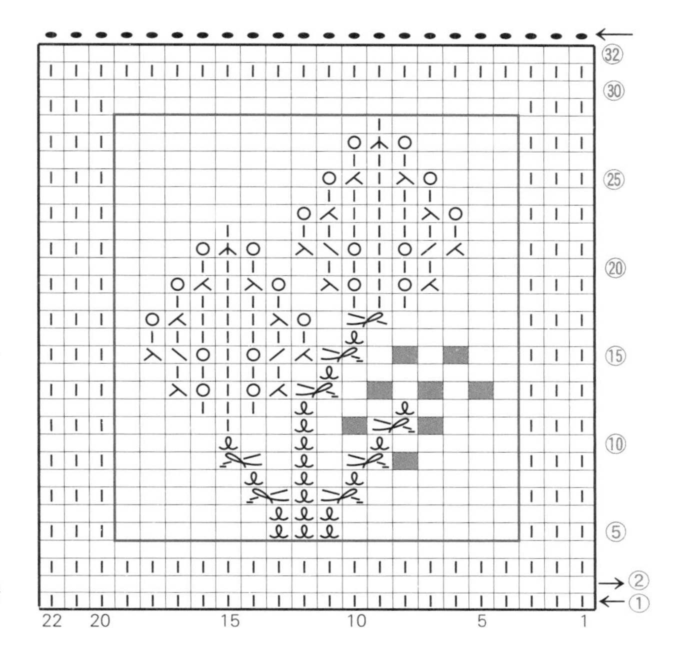

111

尺寸 15cm × 15cm
图片 p.48

线　Olympus　细毛线 / 粉色…5g
针　5号、4号棒针
※只有第1～4行、第50行至最终行的伏针收针用4号针编织

□ = ⊟ 上针

扭针（参考p.62）

左上1针扭针交叉（下侧上针）（参考p.62）

右上1针扭针交叉（下侧上针）（参考p.63）

□ = 1个花样9针16行

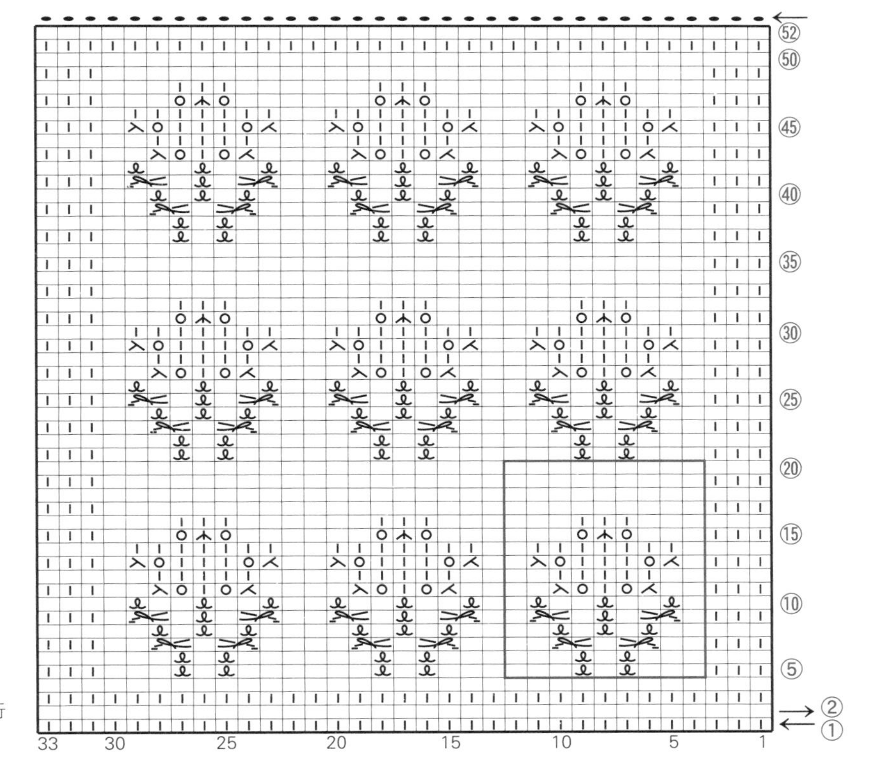

112

线　Olympus　粗毛线／黄绿色…5g
针　5号棒针

尺寸 10cm × 10cm
图片 p.49

□ = 〡 下针
╱ = 下针的倾斜针（编织下针）
□ = 1个花样9针15行

113

线　Olympus　粗毛线／黄绿色…5g
针　5号棒针

尺寸 10cm × 10cm
图片 p.49

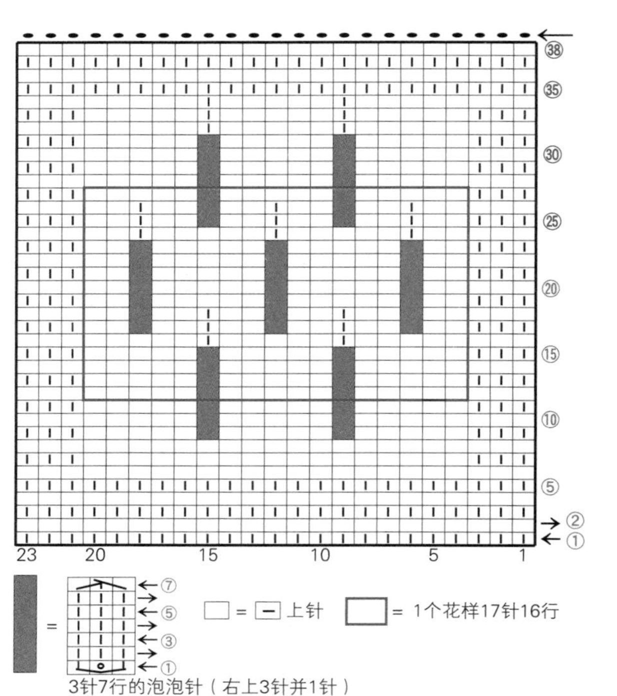

114

线　Olympus　粗毛线／黄绿色…5g
针　5号棒针

尺寸 10cm × 10cm
图片 p.49

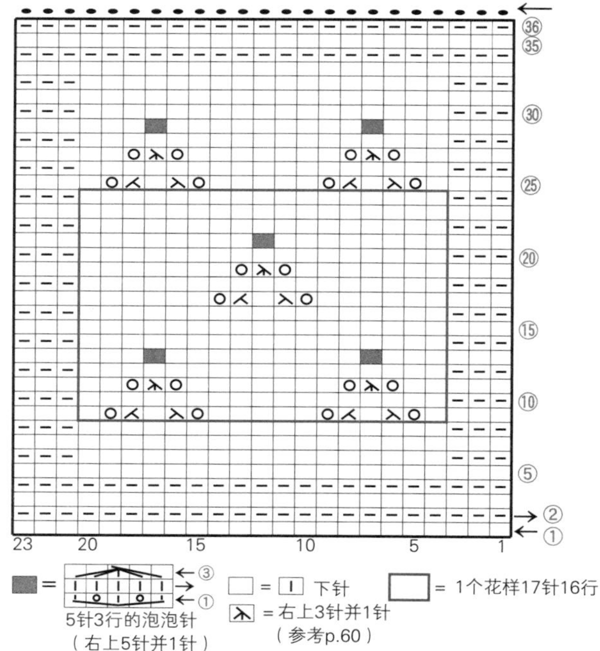

115

线　Olympus　粗毛线／黄绿色…6g
针　5号棒针

尺寸 10cm × 10cm
图片 p.49

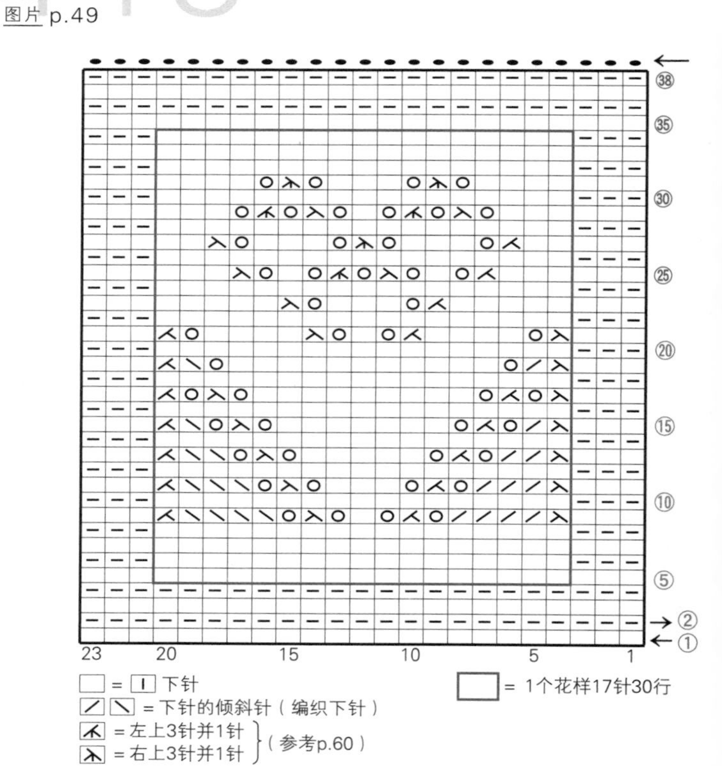

116

尺寸 15cm × 20cm
图片 p.50

线　Hamanaka Excee Wool L（中粗）/ 米色（802）…24g
针　7号棒针、6/0号钩针

□ = ⊟ 上针
= 扭针的加针（参考p.62）
= 扭针（参考p.62）
= 左上1针扭针交叉（下侧上针）（参考p.62）
= 右上1针扭针交叉（下侧上针）（参考p.63）
= 2针长针的枣形针 6/0号钩针（参考p.127）
= 1个花样17针20行
…… = 连在一起编织

※将起针的背面作为第1行编织下去（偶数行为正面）

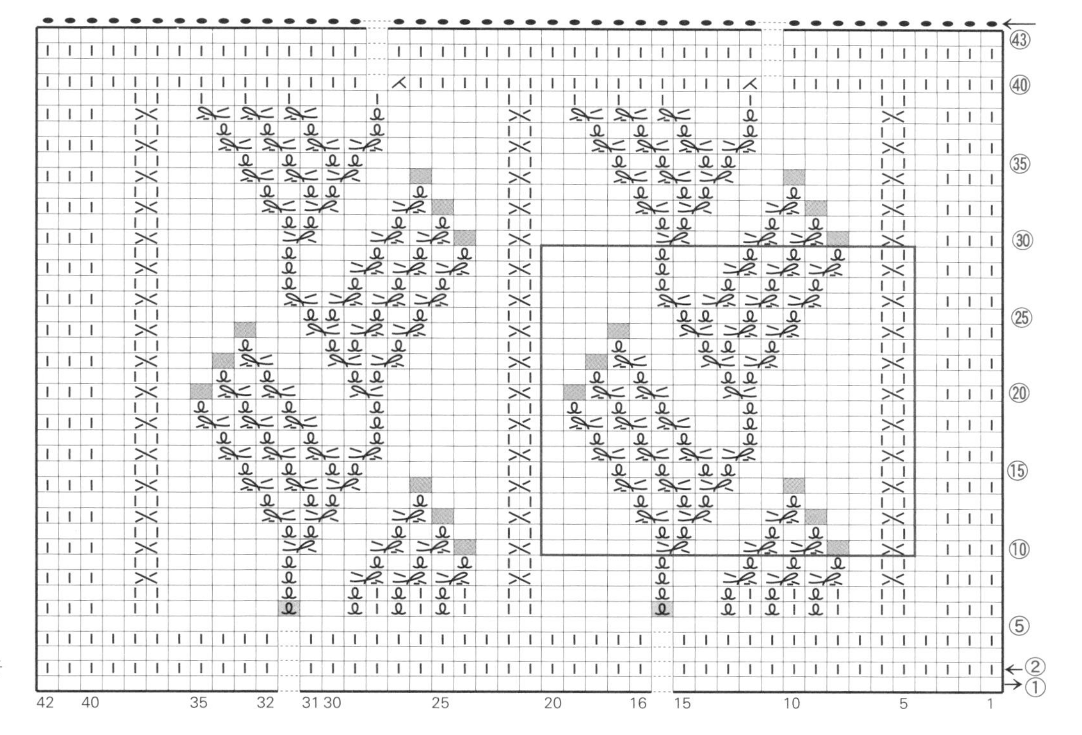

117

尺寸 15cm × 20cm
图片 p.50

线　Hamanaka Excee Wool L（中粗）/ 米色（802）…25g
针　7号棒针、6/0号钩针

□ = ⊟ 上针
= 扭针的加针（参考p.62）
= 扭针（参考p.62）
= 左上1针扭针交叉（下侧上针）（参考p.62）
= 右上1针扭针交叉（下侧上针）（参考p.63）
= 2针长针的枣形针 6/0号钩针（参考p.127）
= 1个花样11针8行
= 1个花样14针16行
…… = 连在一起编织

※将起针的背面作为第1行编织下去（偶数行为正面）

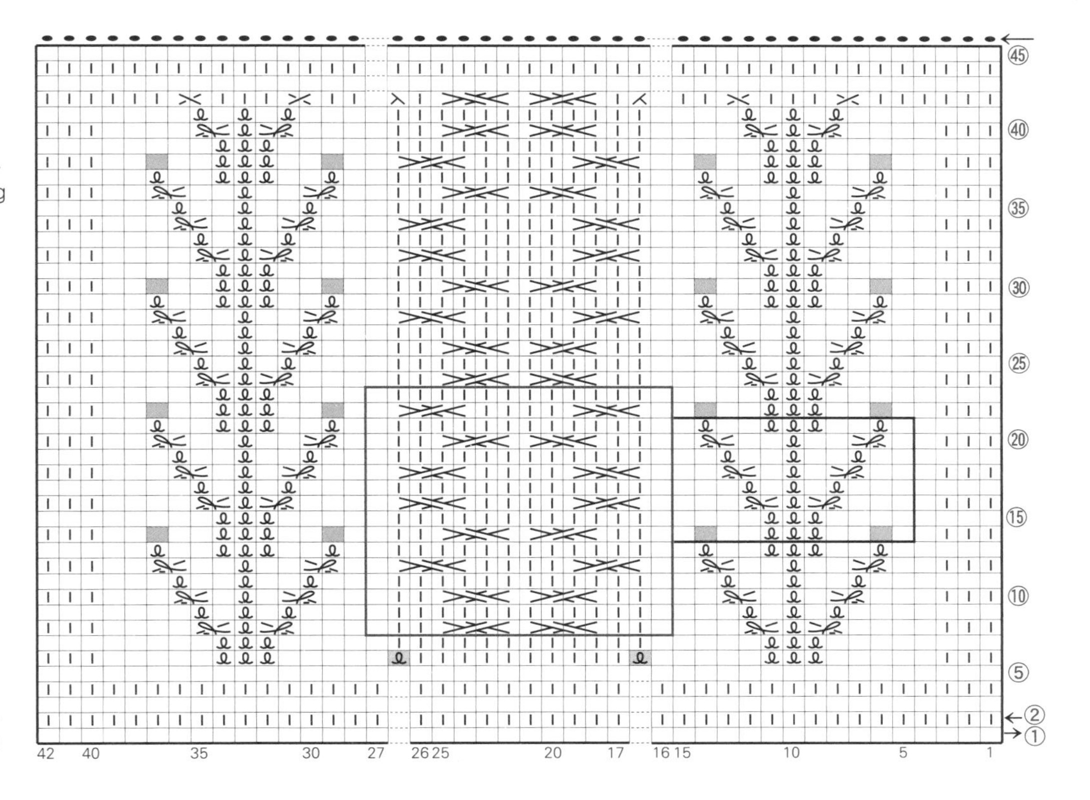

118

尺寸 15m × 20cm
图片 p.51

线 Hamanaka 中粗毛
线 / 原白色…22g
针 7号棒针

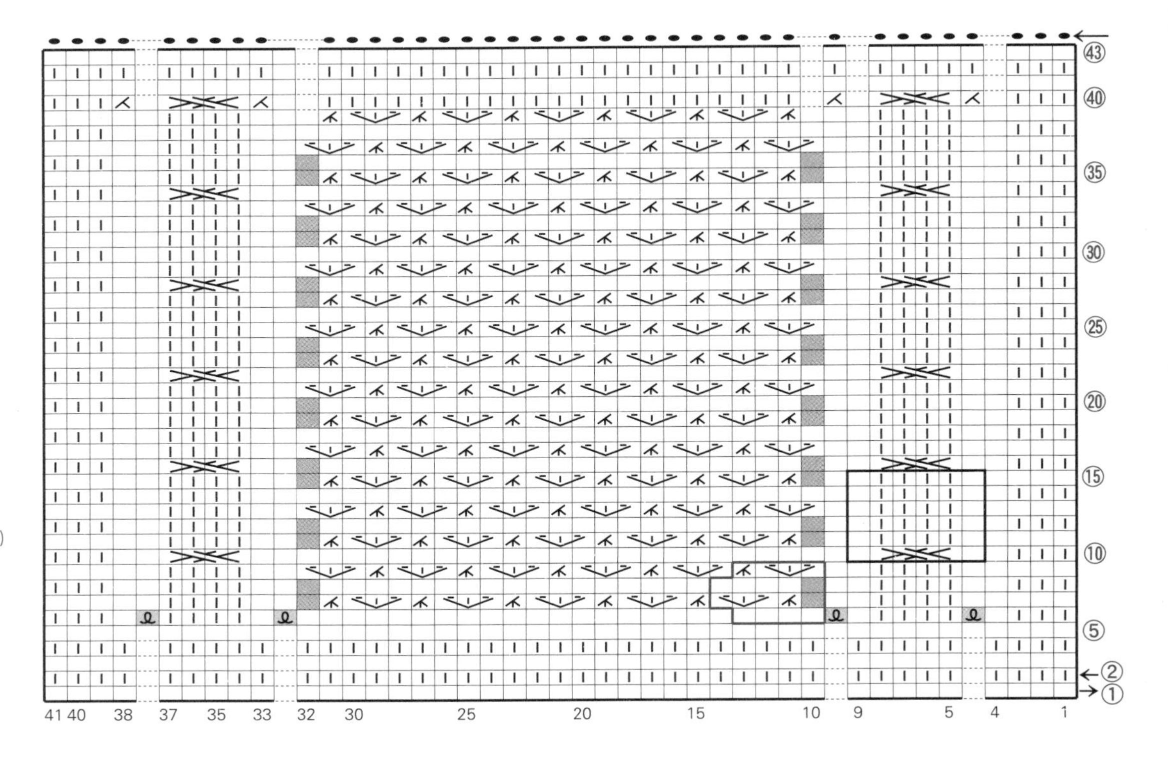

□ = ⊟ 上针
= 扭针的加针（参考p.62）
= 跳过并编织下一针法
= 1针放3针的加针（参考p.126）
= 左上3针并1针（参考p.60）
= 1个花样4针4行
= 1个花样6针6行
······ = 连在一起编织

※将起针的背面作为第1行编织下去（偶数行为正面）

119

尺寸 15cm × 20cm
图片 p.51

线 Hamanaka 中粗毛
线 / 原白色…24g
针 7号棒针

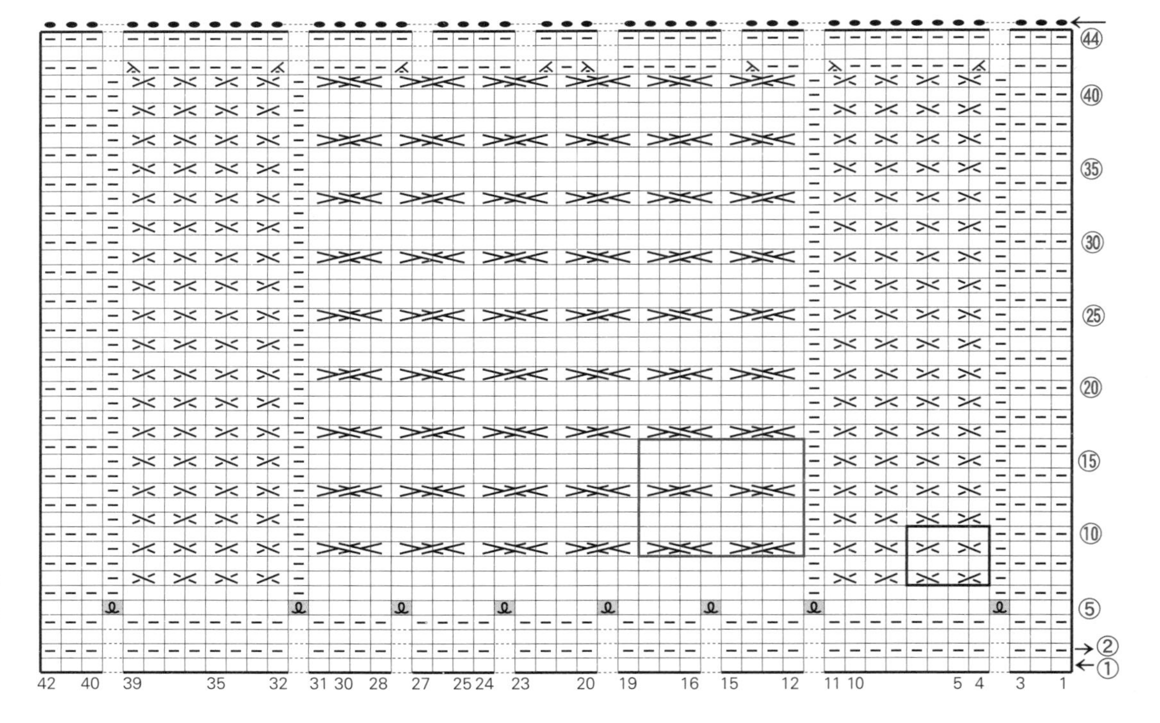

□ = □ 下针
= 扭针的加针（参考p.62）
= 1个花样8针8行
= 1个花样4针4行
······ = 连在一起编织

120

尺寸 15cm × 20cm
图片 p.52

线　Hamanaka 中粗毛线 / 原白色…26g
针　7号棒针、6/0号钩针

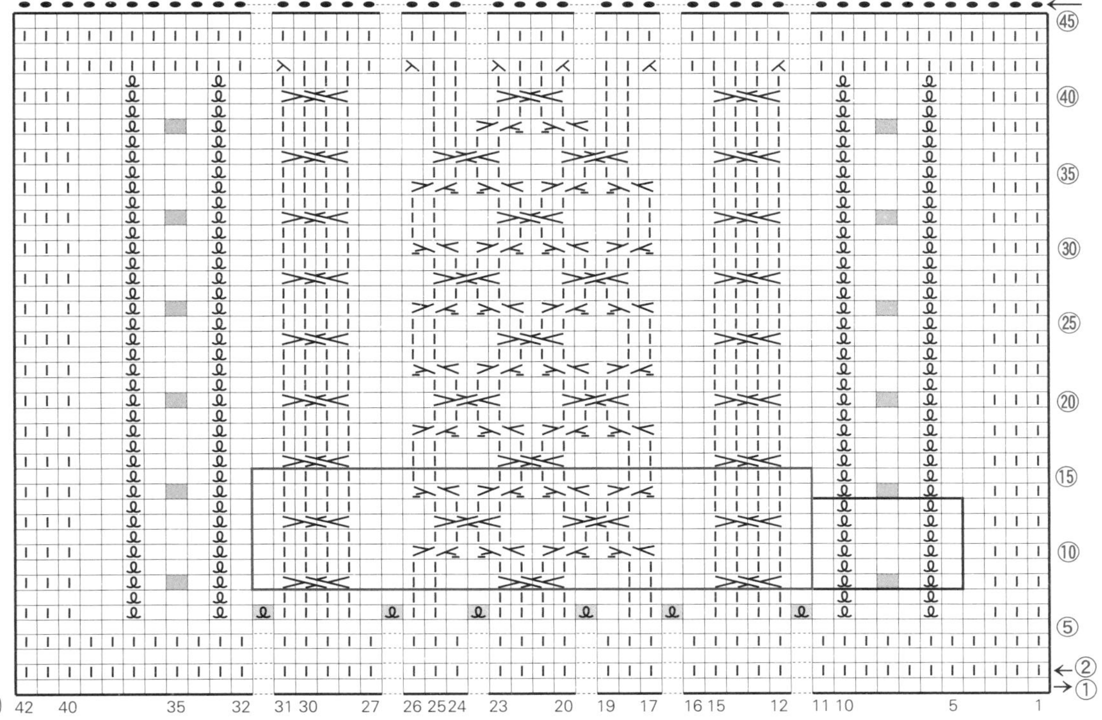

= [−] 上针

= 扭针的加针（参考p.62）

= 扭针（参考p.62）

= 2针长针的枣形针 6/0号钩针（参考p.127）

= 1个花样7针6行

= 1个花样26针8行

······ = 连在一起编织

※将起针的背面作为第1行编织下去（偶数行为正面）

121

尺寸 15cm × 20cm
图片 p.52

线　Hamanaka 中粗毛线 / 原白色…21g
针　7号棒针

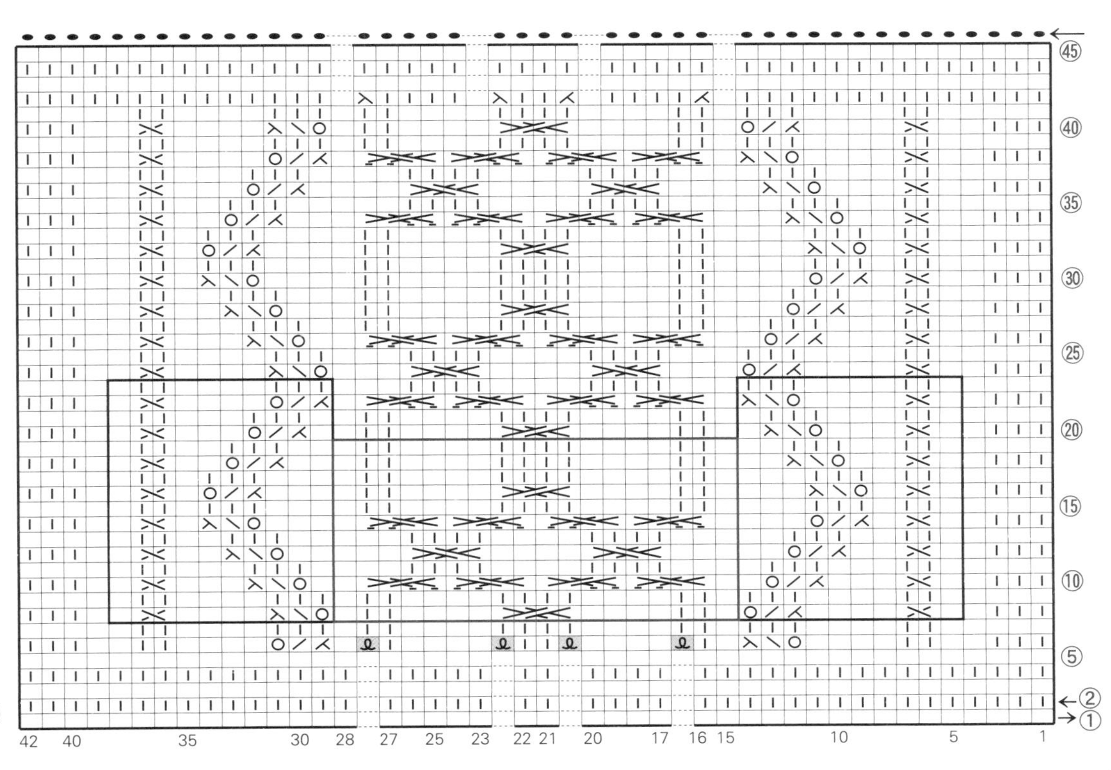

= [−] 上针

= 扭针的加针（参考p.62）

／、＼ = 下针的倾斜针（编织下针）

= 1个花样18针12行

= 1个花样10针16行

······ = 连在一起编织

※将起针的背面作为第1行编织下去（偶数行为正面）

122

尺寸 15cm × 20cm
图片 p.53

线 Hamanaka Excee Wool L（中粗）/米色（802）…23g
针 7号棒针

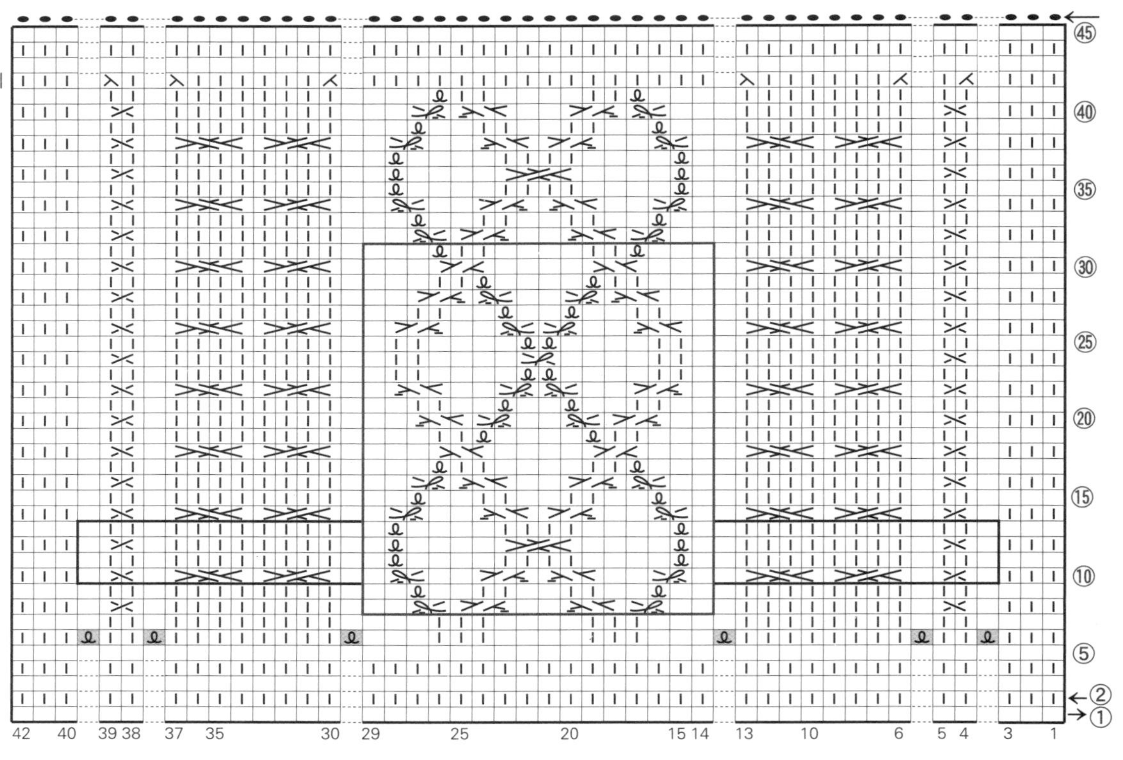

123

尺寸 15cm × 20cm
图片 p.53

线 Hamanaka Excee Wool L（中粗）/米色（802）…23g
针 7号棒针

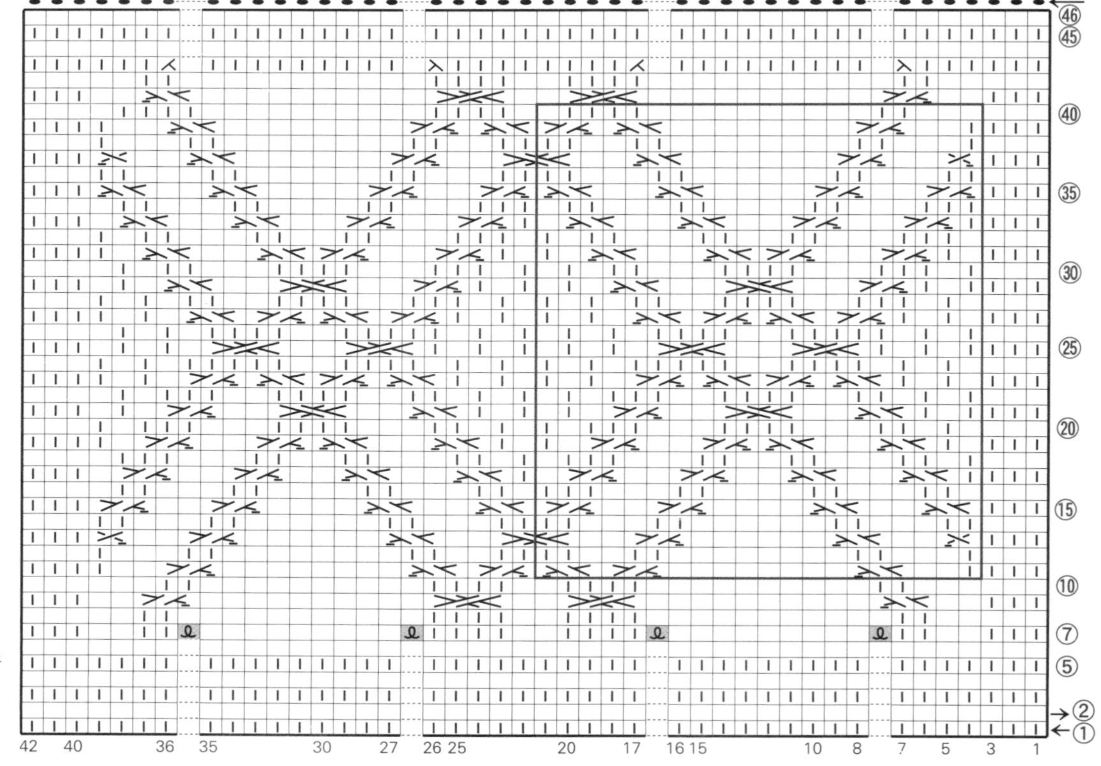

124

尺寸 15cm × 15cm
图片 p.54

线　藤久 Wister Washable Merino 100（中粗）/ 深褐色（※）…18g
※因为是废号色，所以选用喜欢的线替代即可
针　7号棒针

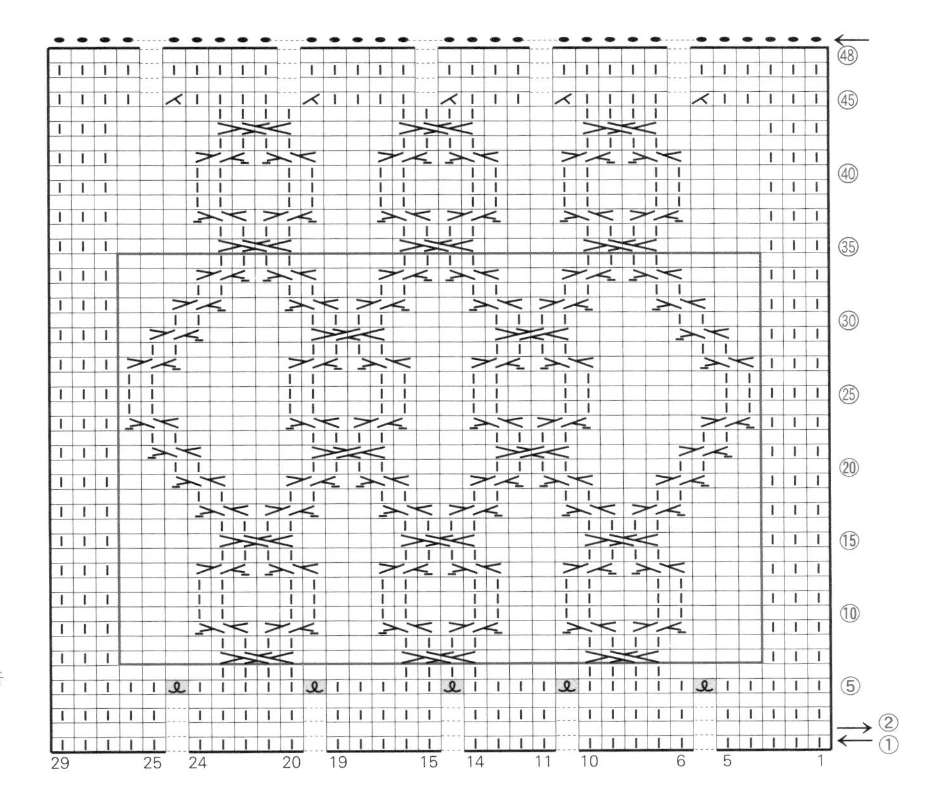

 = ⊟ 上针

ℓ = 扭针的加针（参考p.62）

□ = 1个花样28针28行

┈┈ = 连在一起编织

125

尺寸 15cm × 15cm
图片 p.54

线　藤久 Wister Washable Merino 100（中粗）/ 深褐色（※）…15g
※因为是废号色，所以选用喜欢的线替代即可
针　7号棒针

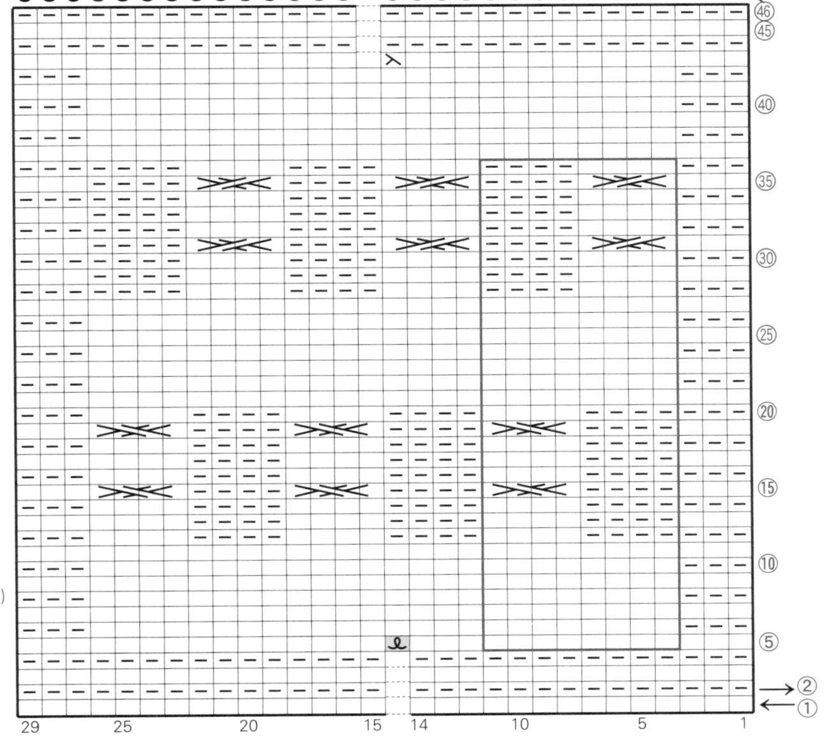

□ = ⏐ 下针

ℓ = 扭针的加针（参考p.62）

□ = 1个花样8针32行

┈┈ = 连在一起编织

126

尺寸 10cm × 10cm
图片 p.55

线 Hamanaka 中粗粗花呢线 / 褐色…5g
针 5号、4号棒针
※只有第1～4行、第32行至最终行的伏针收针用4号针编织

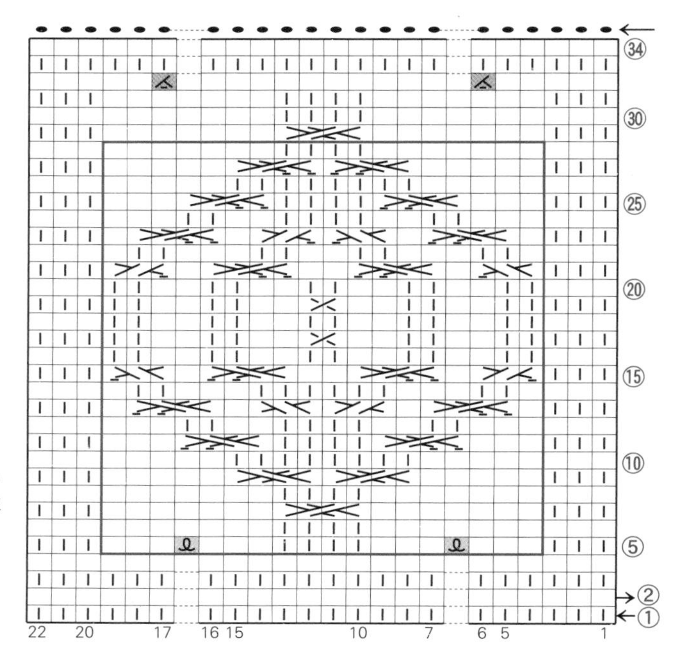

＝ 上针

= 扭针的加针（参考p.62）

= 因为是在看着背面编织的行中，所以实际上是编织下针的左上2针并1针

= 1个花样18针24行

= 连在一起编织

127

尺寸 15cm × 15cm
图片 p.55

线 Hamanaka 粗毛线 / 水蓝色…13g
针 5号、4号棒针
※只有第1～4行、第46行至最终行的伏针收针用4号针编织

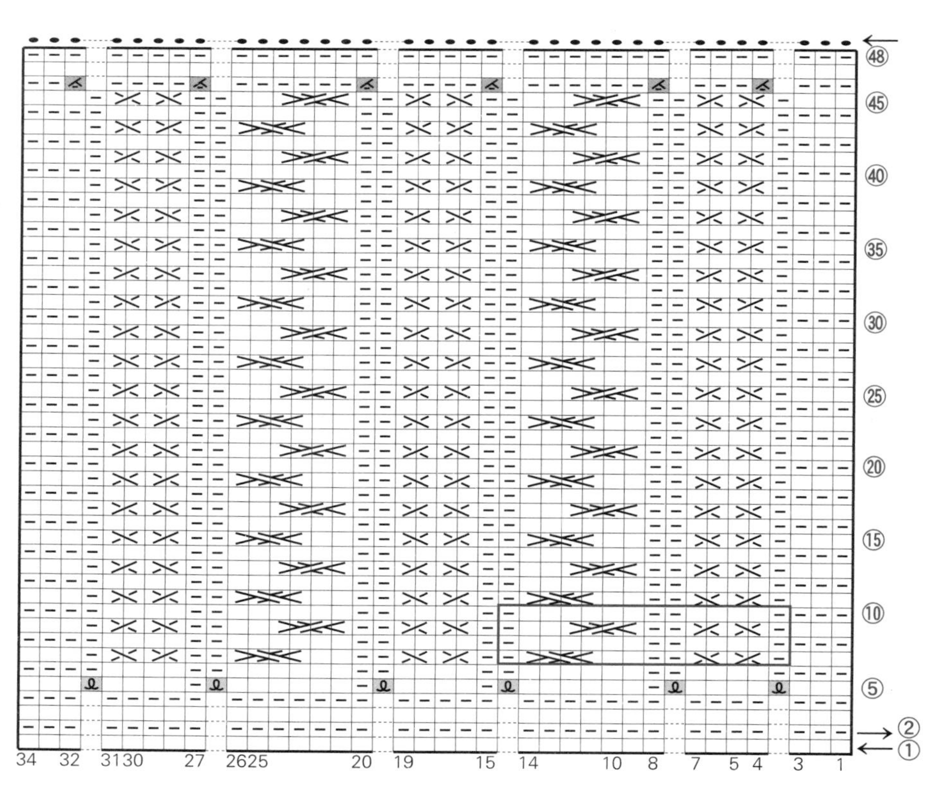

= 下针

= 扭针的加针（参考p.62）

= 因为是在看着背面编织的行中，所以实际上是编织下针的左上2针并1针

= 1个花样14针4行

= 连在一起编织

128

尺寸 15cm × 15cm
图片 p.55

线　Hamanaka 中粗粗花呢线 / 水蓝色…13g
针　5号、4号棒针
※只有第1～4行、第48行至最终行的伏针收针用4号针编织

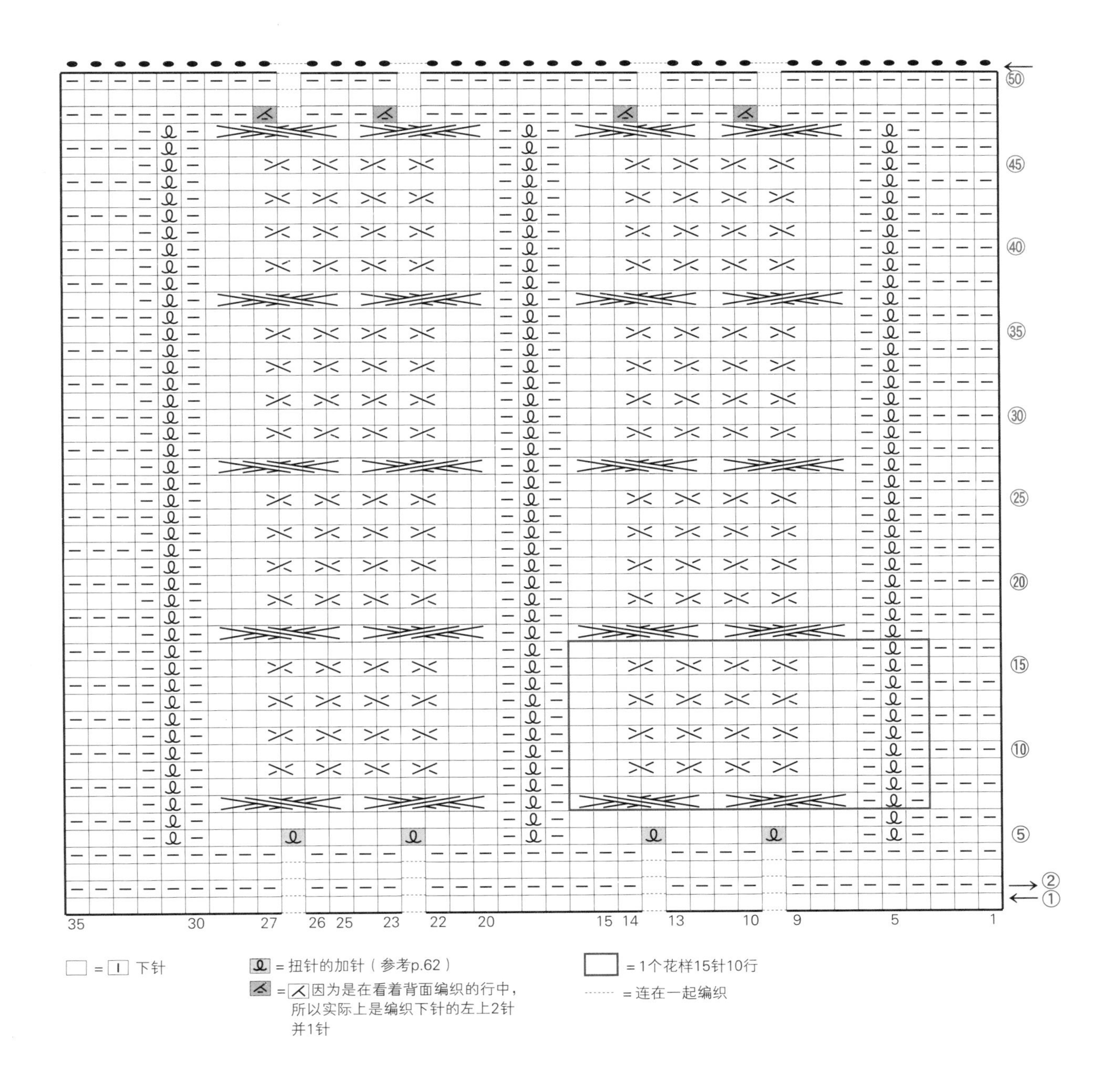

129

线　Hamanaka　中粗毛线 / 原白色 …7g

针　6 号棒针

尺寸 长约 29cm

图片 p.56

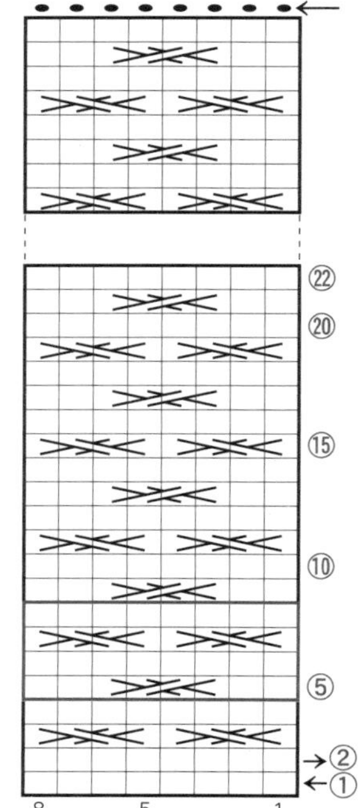
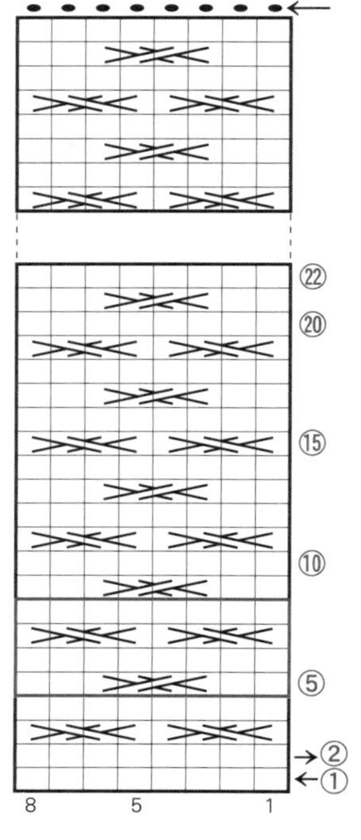

□ = [I] 下针

▭ = 1个花样4行

※重复编织⑨ ~ ⑫行

130

线　Hamanaka　中粗毛线 / 原白色 …8g

针　6 号棒针

尺寸 长约 30cm

图片 p.56

□ = [–] 上针

[ℓ] = 扭针（参考p.62）

▭ = 1个花样4行

※重复编织⑤ ~ ⑧行

131

线　Hamanaka　中粗毛线 / 原白色 …10g

针　6 号棒针

尺寸 长约 31cm

图片 p.56

□ = [–] 上针

[ℓ] = 扭针的加针（参考p.62）

[/] 、[\] = 下针的倾斜针（编织下针）

▭ = 1个花样8行

※重复编织 ⑤ ~ ⑫行

132

线　Hamanaka　中粗毛线 / 原白色 …13g

针　6 号棒针

尺寸 长约 35cm

图片 p.56

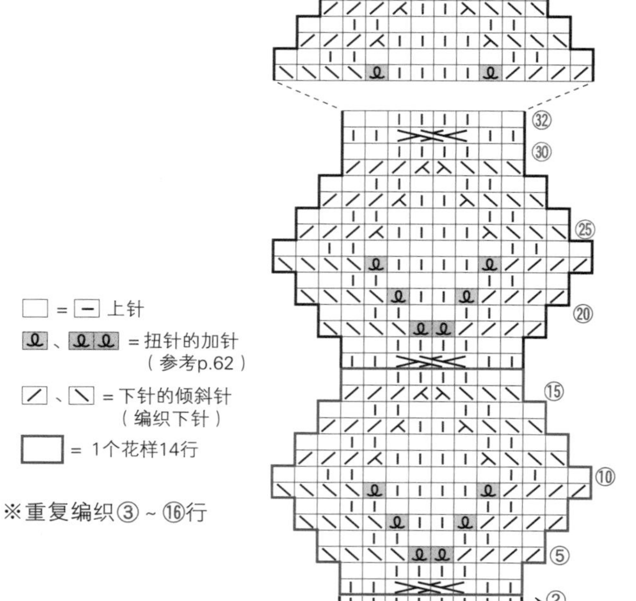
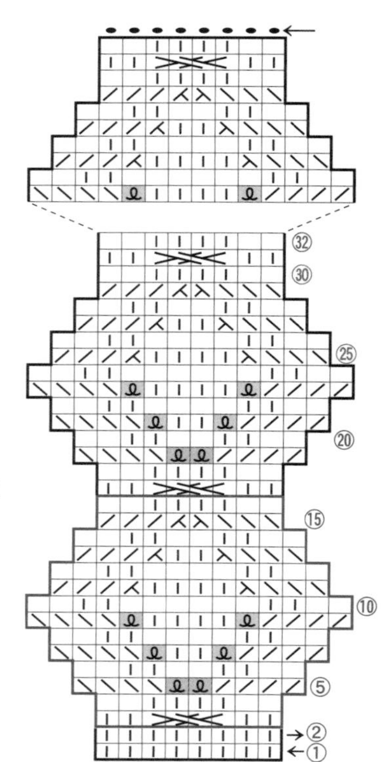

□ = [–] 上针

[ℓ] 、[ℓℓ] = 扭针的加针（参考p.62）

[/] 、[\] = 下针的倾斜针（编织下针）

▭ = 1个花样14行

※重复编织③ ~ ⑯行

133

线　Hamanaka　中粗毛线 / 原白色…11g
针　6号棒针

尺寸 长约31cm
图片 p.57

□ = ⏐ 下针
⟋、⟍ = 下针的倾斜针（编织下针）
▭ = 1个花样18行
······ = 连在一起编织

※重复编织 ⑤～㉒ 行

134

线　Hamanaka　中粗毛线 / 原白色…11g
针　6号棒针

尺寸 长约30cm
图片 p.57

□ = ⊟ 上针
⬬（偶数行）=编织上针的伏针收针
V = 滑针（参考p.126）
⟋、⟍ = 下针的倾斜针（编织下针）
▭ = 1个花样14行

※重复编织 ③～⑯ 行

135

线　Hamanaka　中粗毛线 / 原白色…15g
针　6号棒针

尺寸 长约32cm
图片 p.57

□ = ⊟ 上针
⟋、⟍ = 下针的倾斜针（编织下针）
▭ = 1个花样16行

5针7行的泡泡针（参考p.61）

※重复编织 ③～⑱ 行

136

线　Hamanaka　中粗毛线 / 原白色…14g
针　6号棒针

尺寸 长约30cm
图片 p.57
重点教程 p.65

□ = ⏐ 下针
= 上针的右加针（参考p.65）
■ = 跳过并编织接下来的针目
⬬ = 编织上针的伏针收针
▭ = 1个花样18行
······ = 连在一起编织

※重复编织 ③～⑳行

棒针编织基础

符号图的看法

符号图均为从正面看到的标记。在棒针的平针编织中，箭头为←的一行需看着正面编织，从右向左按照符号图编织。箭头为→的一行（▇）需看着背面编织，从左向右按照符号图编织，但需要操作与符号相反的编织方法（例如，符号图为下针时需编织上针，符号图为上针时需编织下针。符号图为下针的扭针时需编织上针的钮针）。

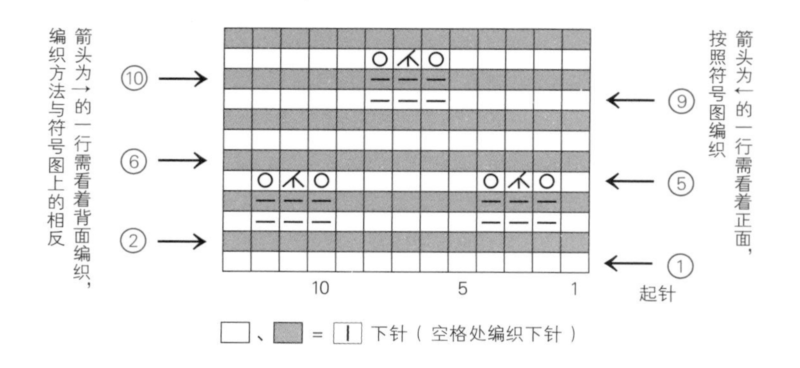

最初的针目的制作方法

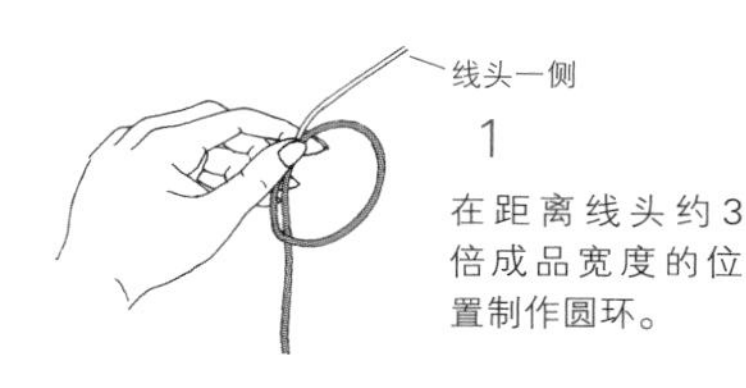

1 在距离线头约3倍成品宽度的位置制作圆环。

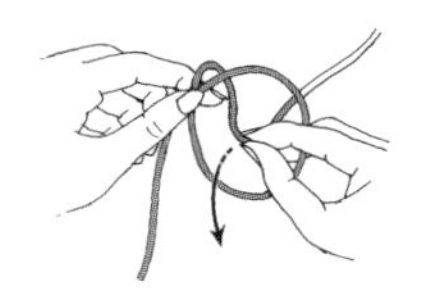

2 将右手的拇指和食指伸入圆环中，将线头一侧的线拉出，做成线圈。

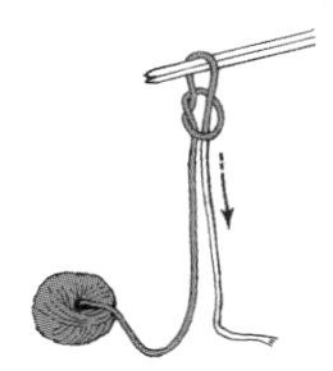

3 将2根棒针插入步骤2中拉出的线圈中，拉动线头一侧，拉紧。这就是最初的第1针。

手指挂线起针

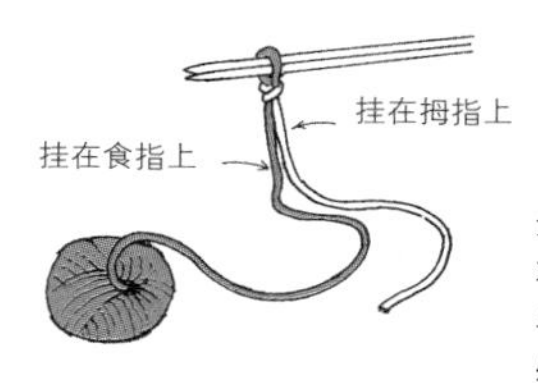

1 最初的第1针完成后，将线团一侧的线挂在左手食指上，线头一侧的线挂在左手拇指上。

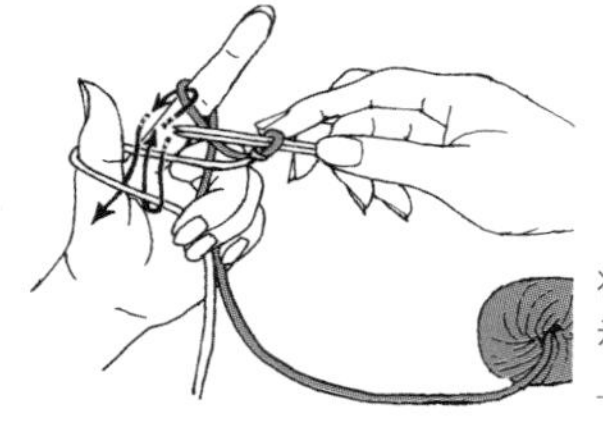

2 将棒针按箭头所示移动，在针尖上挂线。

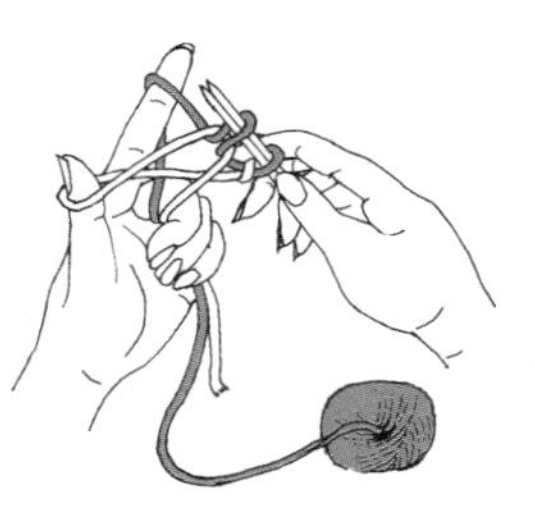

3 小心地取下挂在拇指上的线。

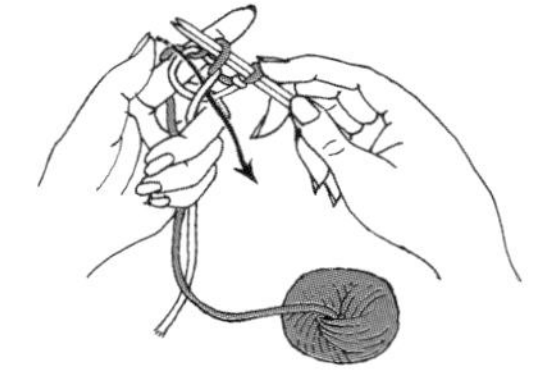

4 按箭头所示用左手拇指挂线，将拇指和食指上的线向外侧拉紧。

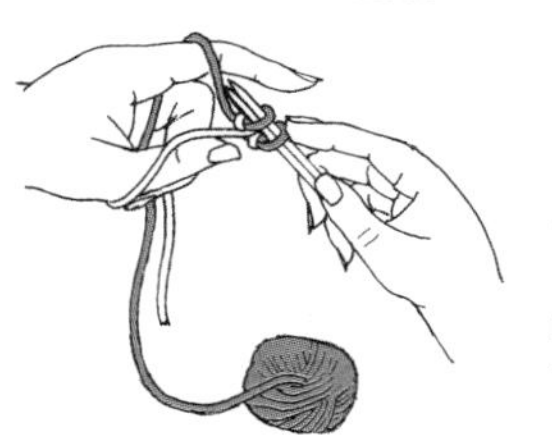

5 第2针完成。从第3针开始，重复步骤2～4继续编织下去。

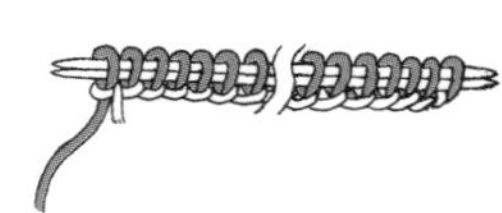

6 起针（第1行）编织好的样子。抽出1根棒针，从第2行开始用这根棒针编织下去。

基础针法

▯ 下针

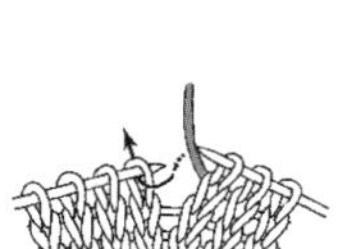

1 将线放在后面，将右棒针从前面插入针目中。

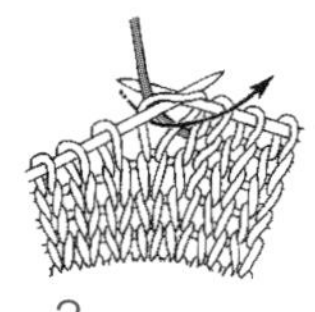

2 在右棒针上挂线，按箭头所示拉至前面。

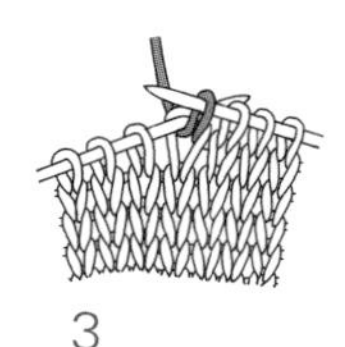

3 用右棒针将线拉出后，抽出左棒针。

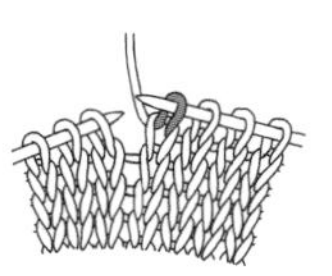

4 下针完成。

▭ 上针

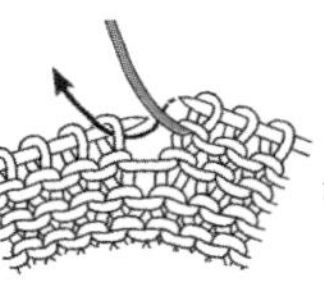

1 将线放在前面，按箭头所示将右棒针从后面插入针目中。

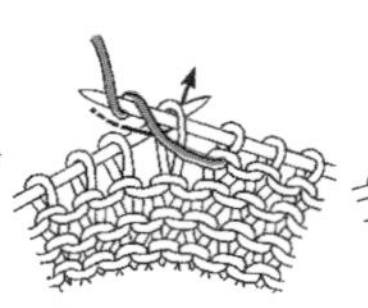

2 在右棒针上挂线，按箭头所示将线拉至后面。

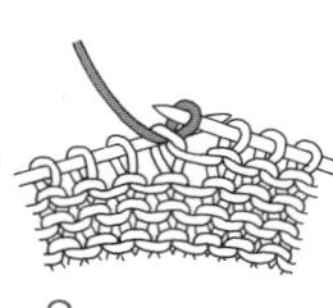

3 用右棒针将线拉出后，抽出左棒针。

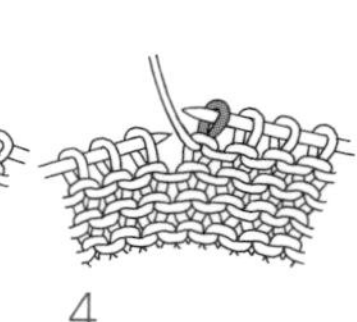

4 上针完成。

 挂针

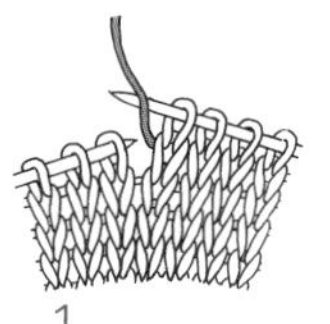
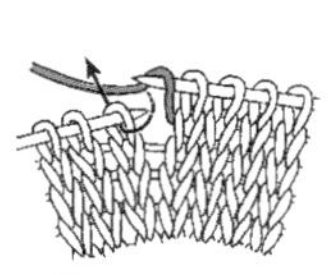
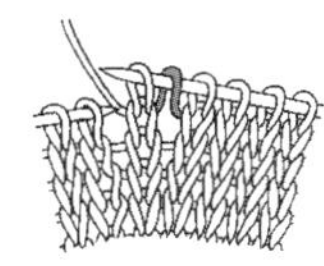
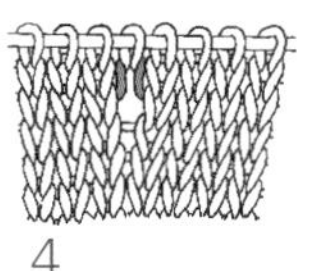
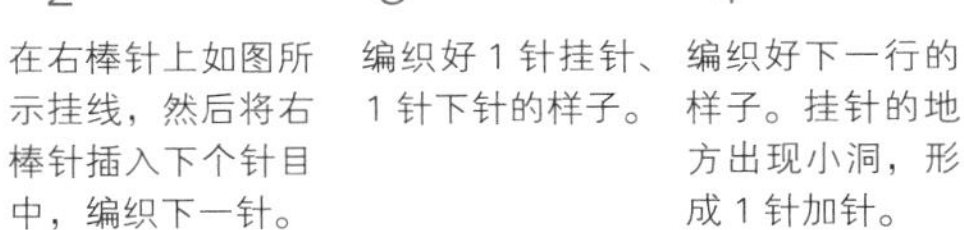

1 将线放在前面。

2 在右棒针上如图所示挂线，然后将右棒针插入下个针目中，编织下一针。

3 编织好 1 针挂针、1 针下针的样子。

4 编织好下一行的样子。挂针的地方出现小洞，形成 1 针加针。

中上 3 针并 1 针

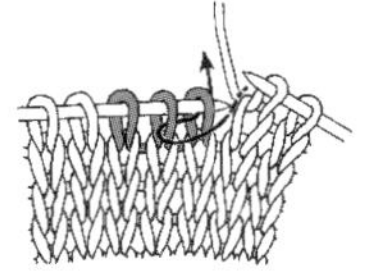
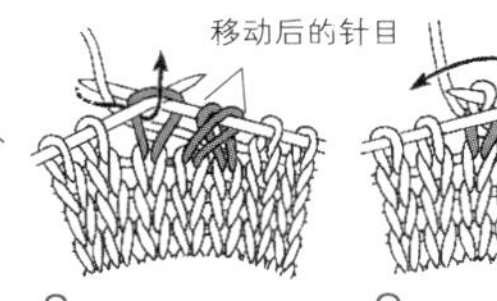

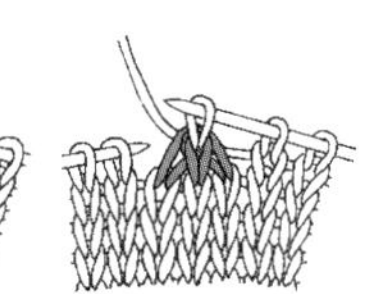

1 按箭头所示，右棒针在左棒针上的 2 个针目中入针，不编织，将其移至右棒针。

2 在左棒针的第 3 个针目中从前面入针后挂线，编织下针。

3 将左棒针从后面插入在步骤 1 中移过来的 2 个针目中，按箭头所示，将其盖在步骤 2 中编织的 1 个针目上。

4 中上 3 针并 1 针完成。

左上 2 针并 1 针

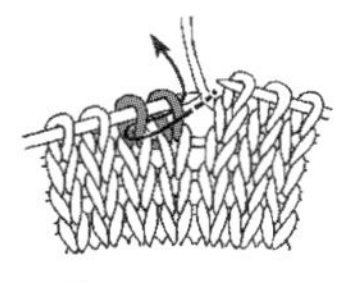
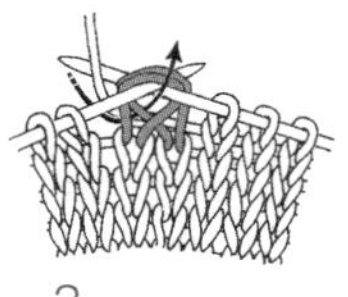
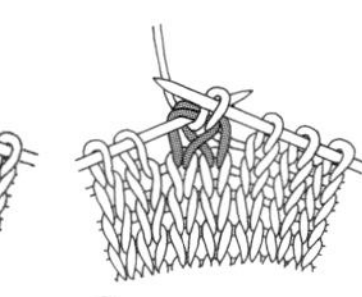
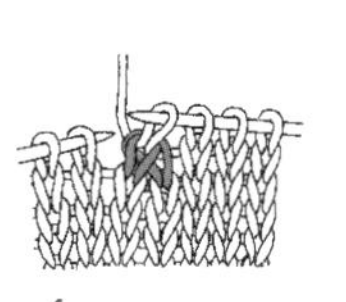

1 按箭头所示，在左棒针的 2 个针目中插入右棒针。

2 按箭头所示挂线拉出，2 个针目一起编织下针。

3 右棒针将线拉出后，抽出左棒针。

4 左上 2 针并 1 针完成。

右上 2 针并 1 针

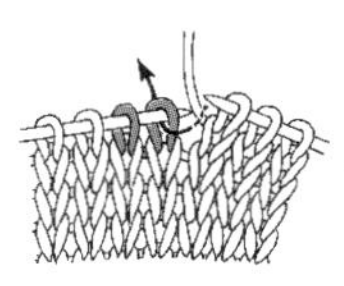
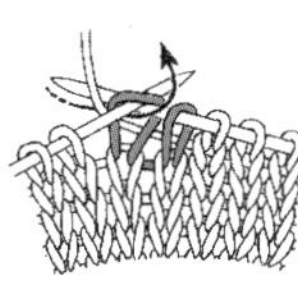
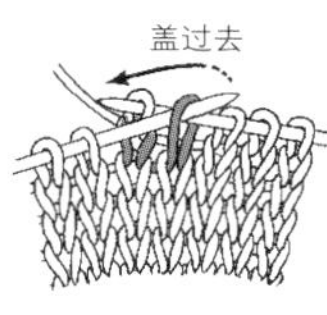

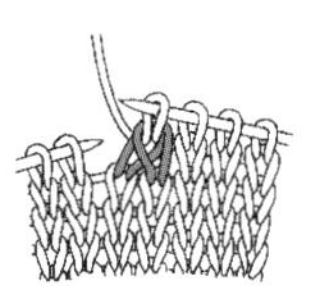

1 按箭头所示，右棒针在左棒针上的 1 个针目中入针，不编织，将其移至右棒针。这样，就改变了针目的方向。

2 右棒针在下个针目中入针，挂线后按箭头所示拉出，编织下针。

3 按箭头所示，用左棒针将步骤 1 中移至右棒针的针目盖在步骤 2 中编织的针目上。

4 右上 2 针并 1 针完成。

上针的左上 2 针并 1 针

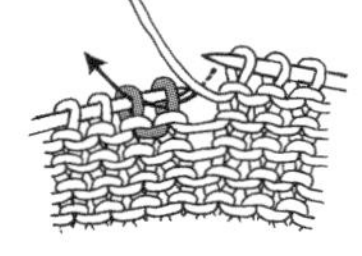
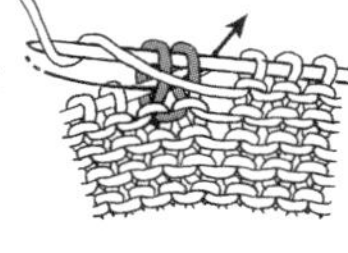

1 接箭头所示，将右棒针一次性插入 2 个针目中。

2 在针尖上挂线，按箭头所示拉出。

3 将 2 个针目一起编织上针后，抽出左棒针。

4 上针的左上 2 针并 1 针完成。

 上针的右上 2 针并 1 针

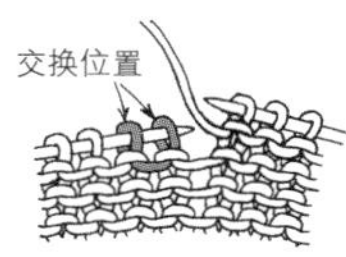

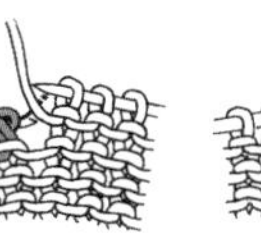
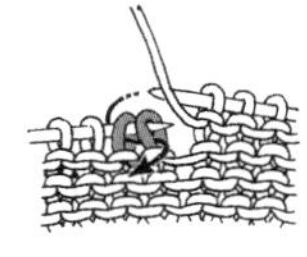

1 将左棒针上的 2 个针目交换位置。

2 接箭头所示，将右棒针一次性插入 2 个针目中，挂线后将 2 个针目一起编织上针。

3 上针的右上 2 针并 1 针完成。

4 也可以按箭头所示从左棒针上的 2 个针目入针，将 2 个针目一起编织上针。

左上 3 针交叉 ※ 即使针数不同，交叉方法也是一样的

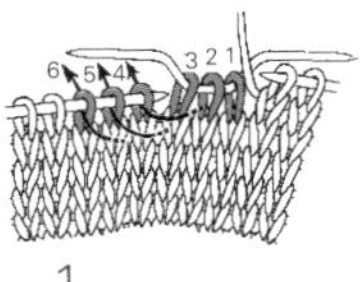
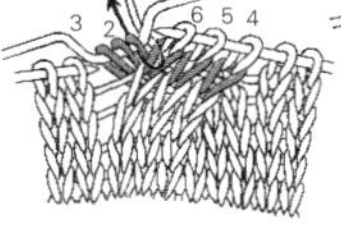
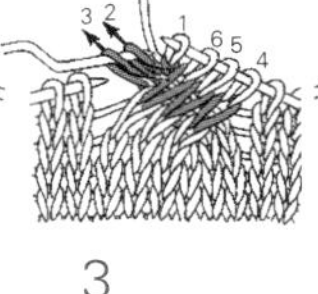
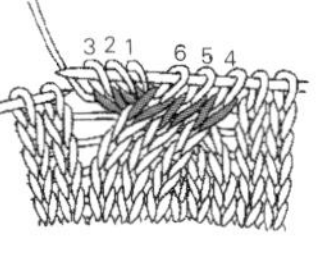

1 将左棒针上的前 3 个针目移至麻花针，放在后面休针备用。将右棒针分别插入左棒针上的 3 个针目中，依次编织下针。

2 再将右棒针插入麻花针上的针目 1 中，编织下针。

3 再将右棒针分别插入麻花针上的针目 2、3 中，依次编织下针。

4 左上 3 针交叉完成。

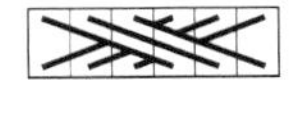 右上 3 针交叉 ※ 即使针数不同，交叉方法也是一样的

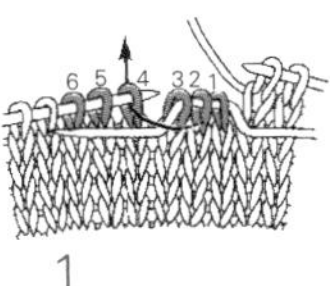
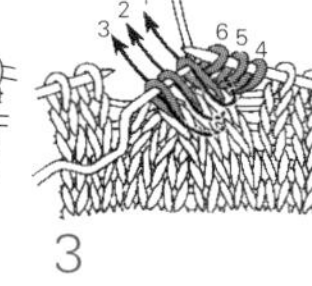
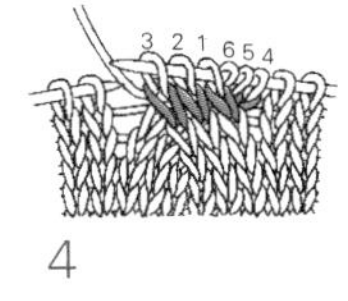

1 将左棒针上的前 3 个针目移至麻花针，放在前面休针备用。将右棒针插入左棒针上的第 4 个针目中，编织下针。

2 第 5、6 针也按照相同的方法分别编织下针。

3 将移至麻花针上的针目 1 ~ 3 分别编织下针。

4 右上 3 针交叉完成。

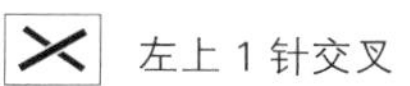

左上 1 针交叉　※ 也可以使用麻花针

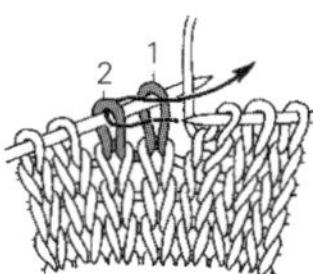

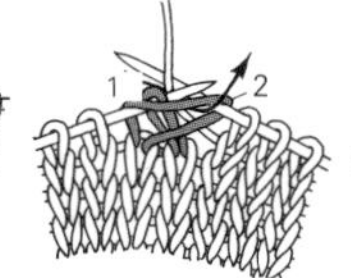

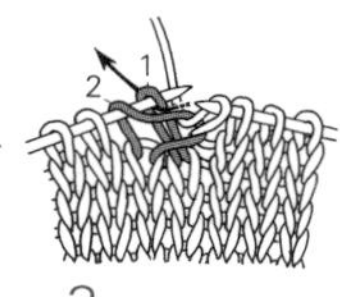

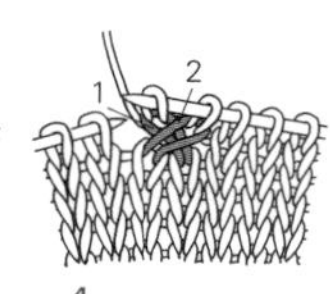

1 从针目 1 的前面，按箭头所示，将右棒针插入针目 2 中。

2 将针目 2 在右针上拉伸，挂线后编织下针。

3 保持针目 2 挂在左棒针上，按箭头所示，将右棒针插入针目 1 中，编织下针。

4 从左棒针上取下针目 2，左上 1 针交叉完成。

右上 1 针交叉　※ 也可以使用麻花针

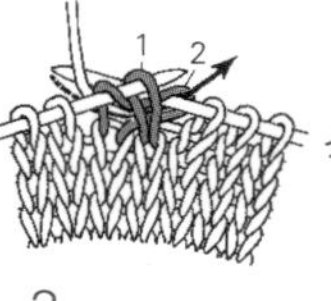

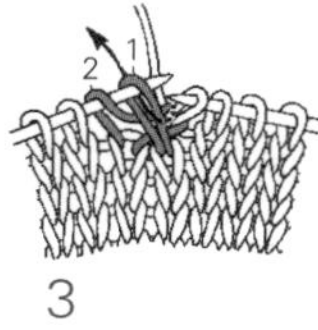

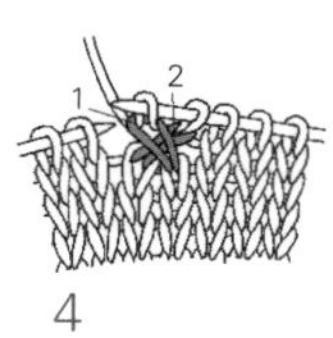

1 按箭头所示，将右棒针从针目 1 的后面插入针目 2 中。

2 将针目 2 在右针上拉伸，挂线后编织下针。

3 保持针目 2 挂在左棒针上，按箭头所示，将右棒针插入针目 1 中，编织下针。

4 从左棒针上取下针目 2，右上 1 针交叉完成。

左上 1 针交叉（下侧上针）　※ 即使针数不同，交叉方法也是一样的

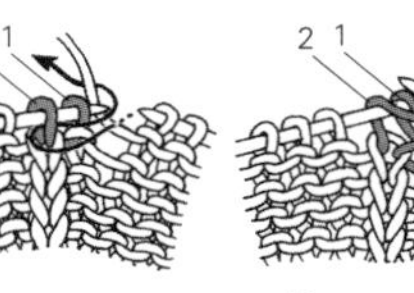

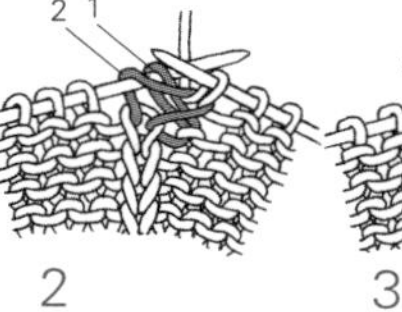

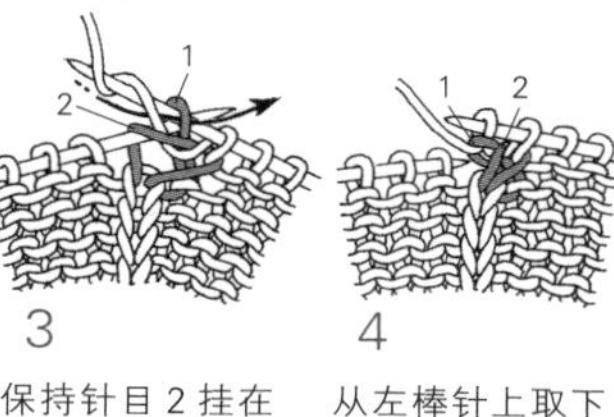

1 将线放在后面，从针目 1 的前面，按箭头所示将右棒针插入针目 2 中。

2 将针目 2 在右针上拉伸，挂线后编织下针。

3 保持针目 2 挂在左棒针上，从后面将右棒针插入针目 1 中，编织上针。

4 从左棒针上取下针目 2，左上 1 针交叉（下侧上针）完成。

右上 1 针交叉（下侧上针）　※ 即使针数不同，交叉方法也是一样的

1 将线放在前面，从针目 1 的后面，按箭头所示将右棒针插入针目 2 中。

2 将针目 2 在右棒针上拉伸，挂线后编织上针。

3 保持针目 2 挂在左针上，从前面将右棒针插入针目 1 中，编织下针。

4 从左棒针上取下针目 2，右上 1 针交叉（下侧上针）完成。

伏针（伏针收针）

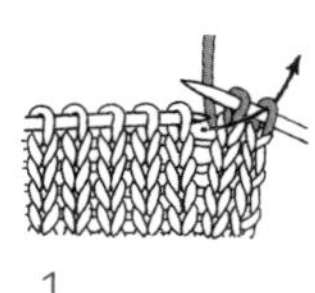

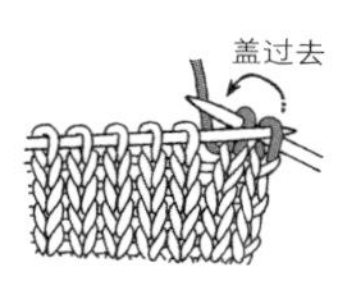

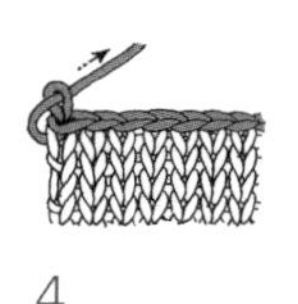

1 一端的 2 个针目编织下针，按箭头所示将左棒针插入右侧的针目中。

2 将右侧的针目如图所示盖在旁边的针目上。

3 编织 1 针下针，再将右边的针目盖过去。重复这个操作。

4 如图所示，编织终点的针目需将线头穿过针目后拉紧。

滑针　※ 如果滑针针目是上针就会有上针 - 符号

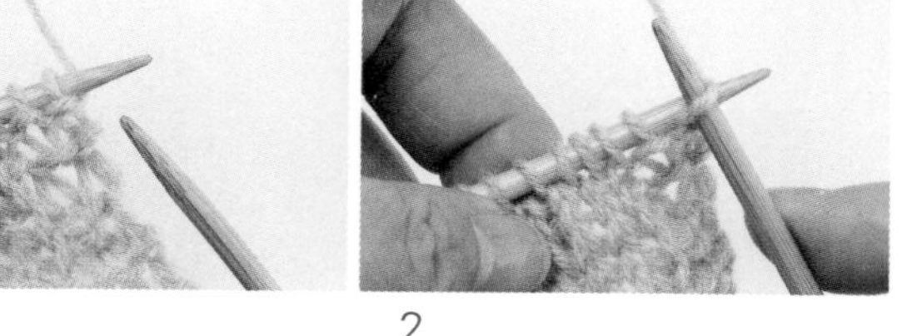

1 将线放在后面，从后面入针，不编织，移至右棒针。

2 从下个针目开始正常编织。因为不编织滑了 1 针，所以顶端的针目没有拉伸，外观很漂亮。

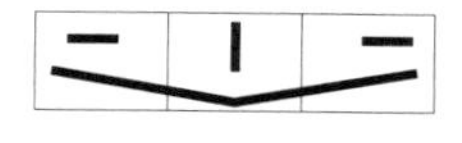

1 针放 3 针的加针

※ 符号图中，从正面看到的标记是 ─│─，但因为是在看着背面编织的行中，所以按 │─│（下针、上针、下针）编织。依次编织下针、上针、下针，针目就会很紧致

1 编织 1 针下针，前一行的针目需继续挂在左棒针上。

2 继续，在同一针目中编织上针。

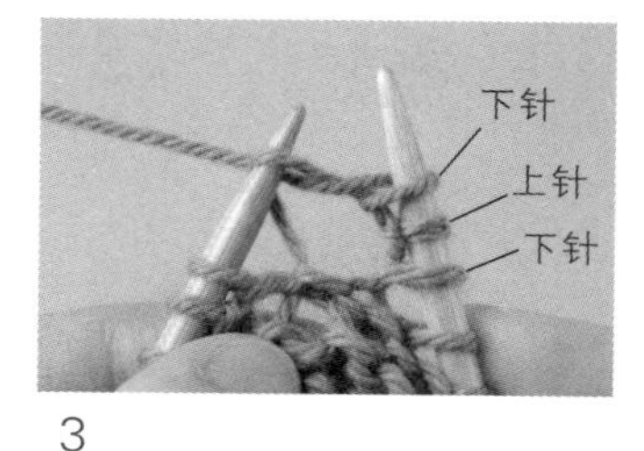

3 在同一针目中再次编织下针，从左棒针上取下针目。图为编织好 1 针放 3 针的加针的样子。

2针长针的枣形针

※如果针数是2针以上，也按照相同要领编织指定针数未完成的长针，再将全部针目一次性引拔

1
参考“3针中长针的枣形针”的步骤1、2，用钩针挑线，编织3针锁针。在针尖上挂线，按箭头所示在针目中入针，再次挂线后拉出。

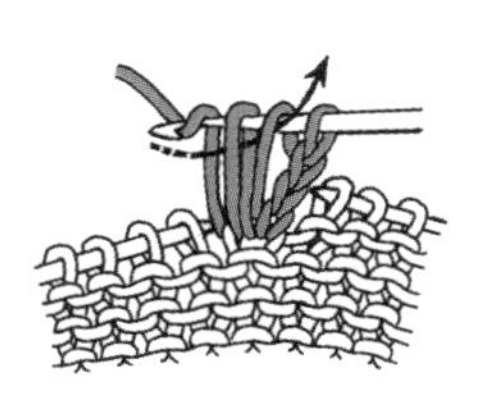

2
再次挂线，如箭头所示仅一次性引拔2个线圈。1针未完成的长针完成。

3
重复1次步骤1、2，编织2针未完成的长针后，在针尖上挂线，一次性引拔全部针目。

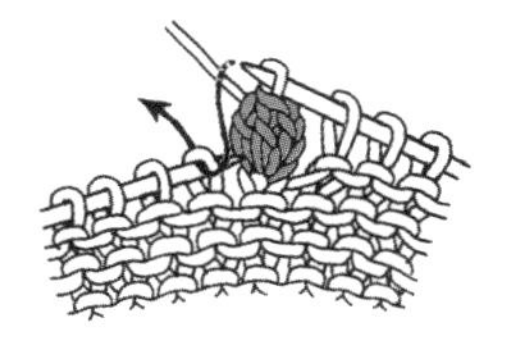

4
将针目从钩针移至右棒针上，2针长针的枣形针完成。

3针中长针的枣形针

※如果针数是3针以上，也按照相同要领编织指定针数未完成的中长针，再将全部针目一次性引拔

1
用钩针从前面入针，挂线后拉出。

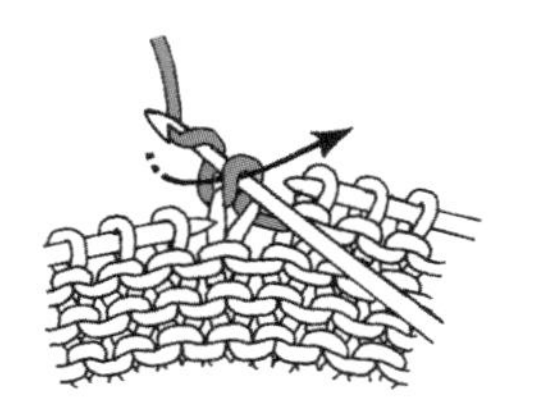

2
在针尖上挂线，如箭头所示编织锁针。重复1次。共编织2针锁针。

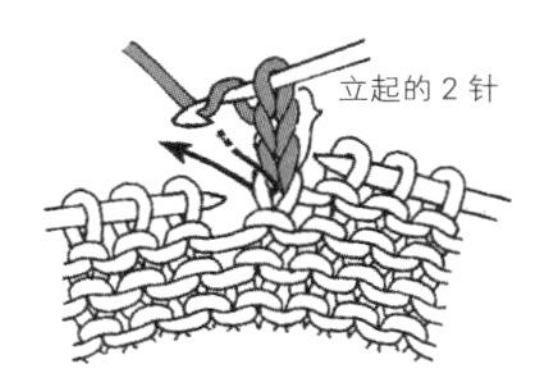

3
编织好立起的2针锁针后，在针尖上挂线，按箭头所示入针，再次挂线后拉出。

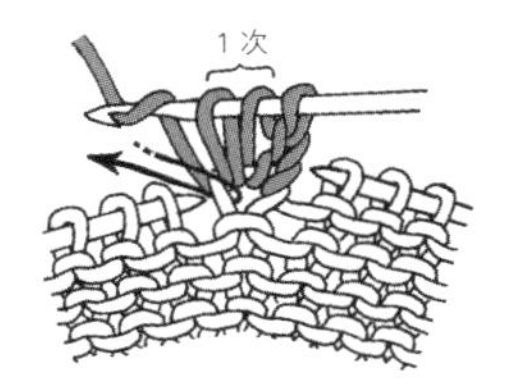

4
这个拉出后的状态叫作未完成的中长针。1针未完成的中长针完成。

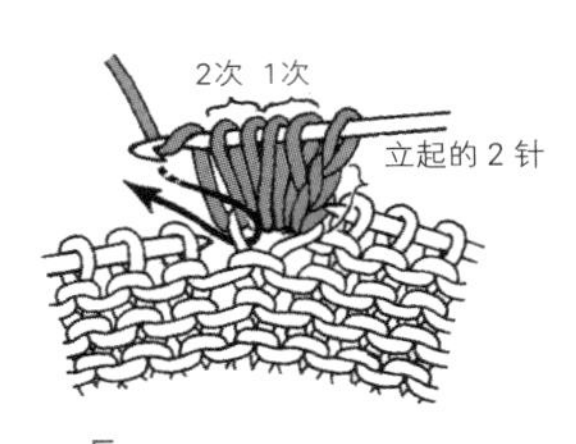

5
再重复2次步骤3。

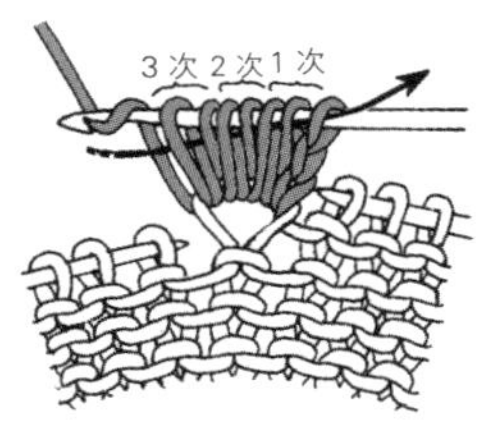

6
在针尖上挂线，一次性引拔全部针目。

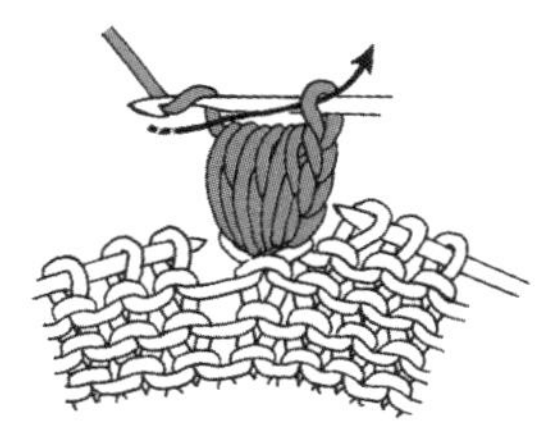

7
再次挂线后引拔，将线拉紧。

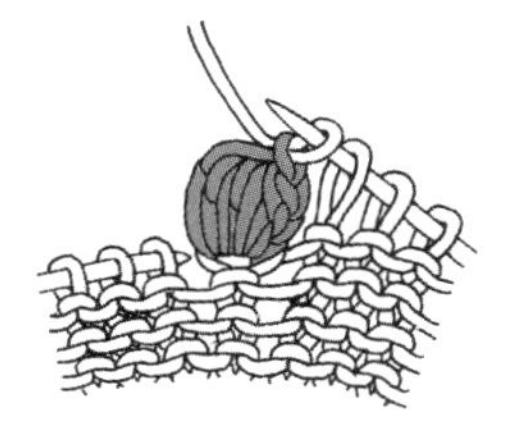

8
将在步骤7中完成的针目移至右棒针上，3针中长针的枣形针完成。

其他基础索引

图书在版编目（CIP）数据

新版棒针编织图案大全集 / 日本 E&G 创意编著；刘晓冉译. -- 郑州：河南科学技术出版社，2024.11. -- ISBN 978-7-5725-1772-3

Ⅰ. TS935.522-64

中国国家版本馆 CIP 数据核字第 2024R0D705 号

出版发行：河南科学技术出版社
地址：郑州市郑东新区祥盛街27号　　邮编：450016
电话：（0371）65737028　　65788613
网址：www.hnstp.cn
策划编辑：张　培
责任编辑：张　培
责任校对：耿宝文
封面设计：张　伟
责任印制：徐海东
印　　刷：河南新达彩印有限公司
经　　销：全国新华书店
开　　本：889 mm × 1194 mm　1/16　　印张：8　　字数：250 千字
版　　次：2024年11月第1版　　2024年11月第1次印刷
定　　价：59.80元

如发现印、装质量问题，影响阅读，请与出版社联系并调换。